図解 即 戦力

オールカラーの豊富な図解と
丁寧な解説でわかりやすい!

システム外注の

知識と実践が
しっかりわかる
教科書

これ
1冊で

青山システム
コンサルティング株式会社 著

JN100096

技術評論社

はじめに

　経営にはITが必要と言われて久しい昨今ですが、中小企業にとってシステム開発はうまくいかない悩みの種になっています。

　システムに必要な知識は、簡単に区分けしても、ハードウェア系ではサーバー、クライアント（PC）、ネットワーク、ソフトウェア系ではデータベース、セキュリティ、開発プロセス、（要件定義、設計、プログラミング、導入／展開支援）、保守運用と分かれており、それぞれに特化したシステムエンジニアがいます。システム構築プロジェクトは、実に多様な人物がそれぞれの役割をこなして、推進していきます。システムを外注するということは、多種多様なシステムエンジニアへ開発をお願いすることと同義です。

　そのようなシステムの開発や導入の検討において、大手企業も中小企業も手順は大きく変わりません。できるだけ見積がブレない提案依頼をしたり、各開発ベンダーを比較できるような情報提供依頼・見積提案依頼をすることは、大手も中小も同じです。しかし、大手企業に比べて、中小企業はシステムの外注の経験が少なく、費用や人材も十分ではありません。

　本書は、中小企業向けのITコンサルティングを30年近くサービスとして提供してきた青山システムコンサルティング株式会社のメンバーが執筆しました。数多くのプロジェクトで培ったノウハウを基に、中小企業におけるシステムを外注する際の必要最低限のプロセスをご紹介しています。また、システム外注で失敗しないようにするためのコツを本書内に散りばめました。

　本書を読むとわかりますが、ベンダーを決定してからシステムを検討するのでは手遅れです。事前に十分な検討が必要です。「役員から紹介された会社にシステム構築をお願いしたが、運用に耐えられないシステムができあがってしまった」などという失敗が起きないよう、本書をお手に取っていただき、システムを外注する際の手解き書として活用いただければ幸いです。

2024年4月　青山システムコンサルティング株式会社

はじめにお読みください

　本書に記載された内容は、情報の提供のみを目的としています。したがって、本書を用いた運用は、必ずお客様自身の責任と判断によって行ってください。これらの情報の運用の結果について、技術評論社および著者はいかなる責任も負いません。

　本書記載の内容は、2024年4月現在のものを掲載しています。そのため、ご利用時には変更されている場合もあります。また、ソフトウェアはバージョンアップされることがあり、本書の説明とは機能や画面が異なってしまうこともあります。

　以上の注意事項をご承諾いただいた上で、本書をご利用願います。これらの注意事項をお読みいただかずにお問い合わせいただいても、技術評論社および著者は対処できません。あらかじめ、ご承知おきください。

●本書で紹介している商品名、製品名等の名称は、すべて関係団体の商標または登録商標です。
●なお、本文中に ™ マーク、® マーク、© マークは明記しておりません。

目次　Contents

1章
システム開発の現状

2章
システムの企画

3章
システムの要求定義

4章
適切なベンダーの選定

5章
ベンダーによる開発

6章
受入と本稼動の準備

1章

システム開発の現状

システム外注には、複数の工程と、工程ごとに注意するべき点があります。それらを学ぶ前に、まずはシステムを取り巻く環境や開発形態といった基礎知識や、システム外注全体の心構えについて解説します。

01 中小企業における システム環境の現状

企業におけるシステムの活用範囲は、年々と広がっています。一方で、リソースが大企業に比べて限られている中小企業では特に、システムの開発に手が回らないことが多くあります。まずは中小企業とシステムに関連する現状について解説します。

● 本書における中小企業の定義

本書では、**中小企業のシステム開発**に携わる、次のような方を想定して解説しています。

- **中小企業に所属し、社内のシステム開発に取り組もうと考えている方**
- **中小企業に所属し、社内のシステム開発を他企業に外注しているが、うまく進めるのが難しいと感じている方**

基本的には上記を想定していますが、**ベンダー**（システム開発を行う企業）に所属し、中小企業向けのシステム開発に携わる方にとっても役立つ内容となっています。なお、中小企業基本法における中小企業の定義は次の通りです。

■ 中小企業基本法における定義

業種分類	中小企業基本法の定義
製造業その他	資本金の額又は出資の総額が3億円以下の会社 又は常時使用する従業員の数が300人以下の会社及び個人
卸売業	資本金の額又は出資の総額が1億円以下の会社 又は常時使用する従業員の数が100人以下の会社及び個人
小売業	資本金の額又は出資の総額が5千万円以下の会社 又は常時使用する従業員の数が50人以下の会社及び個人
サービス業	資本金の額又は出資の総額が5千万円以下の会社 又は常時使用する従業員の数が100人以下の会社及び個人

出典：https://www.chusho.meti.go.jp/soshiki/teigi.html

本書ではこれほど厳密に定義しませんが、おおむね次のような事業規模を想定しています。

■ 本書における中小企業の定義

従業員数	売上高
数十～数百人程度	数億～100億円程度

● 中小企業のシステム環境の実態（内部環境）

　システムを取り巻く環境は、大きく企業の内部と外部に分けられます。まずは、中小企業における社内の実態（内部環境）として、よく見られる特徴について説明します。

　中小企業においては、**IT・システムの担当者がいない**企業が少なくありません。担当者がいたとしても、次のような状況であることがほとんどです。

- **他業務との兼任で、IT・システム関連の業務には手が回っていない**
- **パソコンのセットアップ、社内の問い合わせ対応といった日常業務に追われ、経営者が期待する調査や企画、検討などの業務に手が回っていない**

■ IT・システム担当者が企画や検討に手が回らない

　また、中小企業では10年や20年もの間、業務のルールやプロセスの見直しを一切しておらず、FAXやExcelを駆使して仕事をしていることが多々あります。業務が見直されないと基幹システムの見直しもされず、**時代遅れになっているシステムを長い期間利用している**ことが多くなります。新しいシステムに

入れ替えても、**システムの機能を使いこなせていない**企業をよく見かけます。

■ 中小企業と業務プロセスやシステムとの関係性

・FAXやExcelを使った業務プロセス
・時代遅れの古い基幹システム

システムへの理解不足から、新しい
システムを導入しても使いこなせない

　企業によっては、システムに対する理解の不足から、**IT・システム関連の業務をすべてベンダーに丸投げしてしまっている**ケースもあります。また、うまくベンダーとの関係を築けている企業もありますが、反対に関係をうまく築けず、**ベンダーの対応や金額に不信感を持っている**企業も多く見られます。

■ 中小企業とベンダーとの間によく見られる関係性

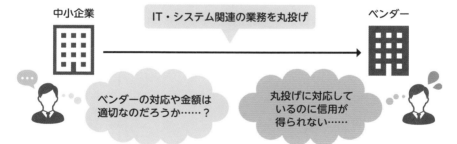

● 中小企業のシステム環境の実態（外部環境）

　中小企業におけるシステムの外部環境（社外）の主な特徴について、「製品・サービス」「ベンダー」「補助金」の3つの観点から説明します。
　製品やサービスのうち、大手企業向けのものは高額でオーバースペックなものであることがほとんどです。そのため、中小企業の場合、もしそれらの製品

やサービスで**中小企業が利用しやすい費用プラン**が用意されていれば利用しましょう。もしくは、**中小企業を主なターゲットとした製品やサービス**も各社から数多く提供されているので、それを選択することになります。

■ 企業による製品やサービスの規模の違い

高額で高スペックな
製品やサービス

・利用しやすいプラン
・中小企業向けの製品やサービス

2つ目の観点は「ベンダー」です。多くのベンダーは、**ビジネスの対象とする企業の規模によって、大企業向けか中小企業向けかに分かれます**。これは、ベンダーの事業規模だけでは判断ができないので、注意が必要です。また、自社と事業規模が対等で、一見すると取引先として適切なベンダーに見えても、二次請け、三次請けのビジネスが多く、一次請けのビジネスに慣れていないベンダーが多いことにも留意してください。

■ ベンダーの規模と主とするビジネス

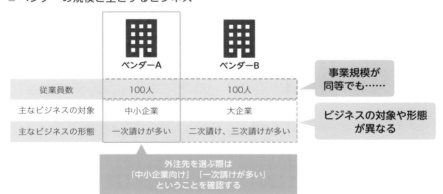

3つ目の観点は「補助金」です。システム開発に関して、「IT導入補助金」をはじめ、**中小企業を主な対象とした補助金**が多く存在します。全国の各自治体

においても、独自の補助金制度が存在する可能性があるので、IT・システム投資を検討する際には、調べてみるとよいでしょう。また、補助金利用を支援してくれるベンダーや、補助金活用支援を行う業者もあるので、必要に応じて探してみてください。

● 中小企業のシステム環境のこれから

　中小企業においても、ビジネスにおけるIT・システムを活用する範囲は、確実に広くなっていきます。システムには、大まかに分けて事業活動の記録をするためのシステムである **SoR（System of Records）** や、顧客とのつながりを意識したシステムである **SoE（System of Engagement）** といった分類があります。販売管理や経費精算などといったSoRの領域のみならず、グループウェアや営業支援といったSoEの領域においても、システムを活用する範囲は広がっていきます。

■ システム利用範囲の広がりのイメージ

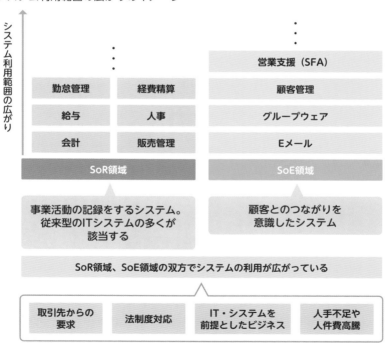

活用範囲が広がるのは、具体的には次のような場面が増えてくるからです。

- **取引先からの要求に対応したシステム環境が整備できないと、そもそも取引ができない**
- **法制度の変更に対応したシステム改修が求められる（インボイス制度対応、電子帳簿保存法対応、軽減税率対応など）**
- **新しいビジネスに取り組もうとした場合に、IT・システムを前提に検討することが多い（例として、BtoBの取引においてECサイト構築に取り組むケースなど）**

　また、昨今は事業規模に関わらず、人手が不足しつつあり、この傾向は当面継続することが予想されています。同時に、人件費の高騰もしていくことでしょう。中小企業もシステム環境の整備を進めて生産性を上げていかなければ、企業としての存続も難しくなっていくリスクすらあります。

　これからは、中小企業においても経営者のIT・システムへの理解、IT・システム担当の配置は、企業を経営していく上では必須であるといえます。その上で、事業内容や事業規模に最適なシステム環境の整備を進めていく必要があります。

まとめ

▶ **中小企業はシステム環境の整備が進んでいない**

▶ **中小企業はシステム担当の体制が十分でないことが多い**

▶ **中小企業もシステム環境の整備を進めることは避けて通れない**

02 システム開発形態の種類

中小企業がシステム開発をしたいと考えたときに、外注と内製、パッケージ導入と
スクラッチ開発という選択肢があります。それぞれの特徴や中小企業における考え
方を解説します。

● 外注と内製の違い

　システムの開発の形態には、**外注**と**内製**という分類があります。外注とは、
外部のベンダーに委託してシステムを開発することで、内製とは、**外注せずに
社内リソースでシステムを開発すること**です。

■ 外注と内製

外注	内製
外部のベンダーにシステム開発を委託	社内で開発体制を作りシステムを開発する

自社　→　ベンダー　ベンダーのエンジニアが開発

自社　社内のエンジニアが開発

　中小企業では、システム開発を外注しているケースが多い傾向にあります。
一方で、社内にプログラミングができる人や表計算ソフトを使いこなせる人が
いる場合には、次のような簡単なシステムやツールを社内で作っているケース
もよくあります。

- **オフィスソフトに含まれるデータベースソフトで構築した顧客管理システム**
- **表計算ソフトで構築した原価計算ツール**
- **表計算ソフトで構築した在庫管理ツール**

外注と内製の違いは、次の通り整理することができます。

■ 外注と内製の違い

	外注	内製
社内に必要なリソース	・ベンダーにシステムで実現したい要件を伝えられる人 ・ベンダーとある程度技術的な会話ができる人 ・ベンダーの管理ができる人	・社内のシステム開発メンバーにシステムで実現したい要件を伝えられる人 ・システムの設計、プログラミングを含むシステム開発ができるエンジニア
メリット	・社内にシステム開発ができるエンジニアを置く必要がない ・ベンダーの専門的な技術、知見を活かせる	・社内の人件費のみでシステムが構築できる ・システム要件の変更などに柔軟に対応ができる ・継続的なシステム開発をしやすい ・システム開発のノウハウが社内に蓄積する
デメリット	・ベンダーへの支払う費用が発生する（高額になりがち） ・システム要件の変更などに対する柔軟性に欠ける	・社内にシステム開発ができるエンジニアを置く必要がある ・社内エンジニアの技術、経験の範囲を超えた対応が難しい ・社内のエンジニアの工数内の早さでしか開発が進められない

● パッケージ導入とスクラッチ開発の違い

システム開発には、**パッケージ導入**と**スクラッチ開発**という分類もあります。パッケージ導入とは、**市販のパッケージシステムを導入すること**です。クラウドサービスやSaaS（インターネットを通じてさまざまな機能を提供するシステム）もパッケージ導入の一種と考えてよいでしょう。スクラッチ開発は、**独自のシステムを開発すること**です。ノーコード／ローコード開発プラットフォーム（詳細は次ページで解説）によるシステム開発も、スクラッチ開発の一種といえます。

パッケージ導入とスクラッチ開発は、次の通り整理することができます。

■ パッケージ導入とスクラッチ開発の違い

	パッケージ導入	スクラッチ開発
メリット	・短期間で導入しやすい ・初期費用を小さく抑えやすい	・自由に機能を作ることができる ・ランニング費用を低く抑えやすい
デメリット	・保守費用や月額利用料など、ランニング費用がかかる ・パッケージに含まれない機能は使えない（またはカスタマイズ・アドオン開発に費用がかかる）	・導入までに期間がかかりやすい ・初期費用が高くなりやすい

　中小企業では、パッケージ導入とスクラッチ開発のどちらを好むか、企業によって明確に志向が分かれる傾向があります。必ずしもどちらが正解ということではないので、パッケージ導入とスクラッチ開発の特徴、それぞれの企業の特徴や方針に合わせて意思決定ができていれば問題ありません。

COLUMN　ノーコード／ローコード開発プラットフォーム

　ノーコード開発プラットフォームは、画面部品などを視覚的に組み立てることで、プログラミングをしなくてもコードの自動生成などができるツールです。ローコード開発プラットフォームは、スクリプトやパラメータなどの簡易なプログラミングでシステム開発ができるツールです。ツールによる差異はありますが、設計書の自動出力が可能で、設定値をいつでも確認できるツールが多いです。ノーコードとローコードのどちらも対応できるツールもあれば、片方だけ対応しているツールもあります。

● どのような領域が向いているのか

　外注と内製、パッケージ導入とスクラッチ開発をそれぞれ組み合わせたパターンにおいて、どのようなシステムの場合に、どの選択をしたほうがよいかについては、次の通り整理することができます。

	外注	内製
パッケージ導入	・会計システムなどの一般的な機能が充足していればよい領域のシステム ・導入後、法制度対応が必要なシステム ・導入後にメンテナンスなどがあまり見込まれないシステム	・EC システムや顧客管理システム、ワークフローシステムなど、導入後にも設定変更やカスタマイズが発生しやすいシステム
スクラッチ開発	・独自の機能が多く、開発規模が大きいシステム ・社内に知見のない最新の技術を活用したいケース ・導入後も継続的な開発が必要なシステム（追加開発は内製で対応するという選択肢もある）	・独自の機能が多く、社内の開発体制で対応ができるシステム ・導入後も継続的な開発が必要なシステム

　中小企業において、スクラッチ開発×内製は、エンジニアの体制を組むのが困難です。簡単なシステムであれば、スクラッチ開発×内製をノーコード／ローコード開発プラットフォームの活用で実施するという選択肢もあります。ただ、一般的には、中小企業において内製は選択しにくい場合が多いでしょう。

　必ずしもこの表の通りの方針とする必要はありませんが、1つの目安として参考にしてください。重要なのは、**企業が「どうしていきたいのか」に適した選択をする**ことです。

> ## まとめ
>
> ▶ **システム開発には、外部のベンダーに委託する外注と、社内で開発する内製という分類がある**
>
> ▶ **システム開発には、市販のパッケージシステムを導入するパッケージ導入と、独自のシステムを開発するスクラッチ開発という分類もある**
>
> ▶ **意図を明確にして、外注と内製、パッケージ導入とスクラッチ開発の選択をする**

03 | システム外注の流れ

システム開発を外注する（内製をしない）場合には、それを任せられるベンダーを選定する必要があります。ここでは、ベンダーの選定を含む、システム外注の流れについて、全体像を解説します。

● システム外注では大きく6つのプロセスがある

　システム外注の大まかなプロセスは、**企画**、**要求定義**、**ベンダー選定**、**開発**、**受入**、**運用・保守**の大きく6段階です。

■ システムを外注するときの流れ

工程	内容	本書で解説する章
企画	どんなシステムを開発するのかを考える	2章
要求定義	ベンダーへの要求を具体的に定義する	3章
ベンダー選定	外注するベンダーを選ぶ	4章
開発	システムを開発する	5章
受入	システム稼動の準備をする	6章
運用・保守	システムの不具合への対応や改善を行う	7章

　それぞれの段階について、詳しくは2章以降で解説していきます。ここでは、各段階の概要だけ紹介するので、どんな工程があるのかを、簡単に押さえておきましょう。

● 企画

　システムを外注するにあたり、まず実施するのが企画です。どんなシステムを開発する必要があるのかを考えていきます。

　企画は、大まかに**現状把握**、**問題点分析**、**To Be モデル検討**の3つのプロセスに分かれます。なお、新規ビジネスのためのシステム開発などの場合は、現状把握や問題点分析のプロセスは省略するなど、多少の違いは発生します。

　現状把握や問題点分析を行い、開発するシステムで何を解決・改善する必要があるのかを明らかにします。その後、それを解決・改善ができる「**To Be モデル（あるべき姿）**」を描きます。新規ビジネスなど、現状把握の対象がない場合は、現状把握や問題点分析を省略し、「**Will Be モデル（ありたい姿）**」を描きます（「Will Be モデル」は青山システムコンサルティング（株）の登録商標です）。企画した内容については、プロジェクトオーナーなどとしっかり議論し、合意を得る必要があります。

■ 企画の流れ

● 要求定義

　システムの企画ができたら、それをベンダーに伝えるための具体的な要求へと落とし込んでいく必要があります。業務の流れをまとめた**業務フロー**を作成し、システムに求める要求事項を一覧にまとめます（**要求定義**）。

　内容については、業務部門とシステム部門のどちらかだけで作成・確認するのではなく、両者の視点で確認し、抜け・漏れ・認識違いがないようにする必要があります。社内の関係者が理解できる内容であることはもちろん、システム開発を担うベンダーが理解しやすい内容にするのもポイントになります。

■ 要求定義の流れ

● ベンダー選定

要求定義が終わったら、それを候補となる複数のベンダーに伝え、実際にシステム開発を依頼するベンダーを選定していきます。

まず、ベンダーにシステム開発の依頼をするために、**提案依頼書（RFP）**と呼ばれる資料を作成します。並行して、**提案依頼**をする対象とするベンダーをリストアップします。提案依頼をしてベンダーから回答が返ってきたら、**回答の内容を評価し、システム開発を依頼するベンダーを決定**します。適切な要求定義をして、それを実現できる適切なベンダーをリストアップしないと、よい提案が得られないばかりか、そもそも提案をしてもらえないこともあるのです。

■ ベンダー選定の流れ

企画からベンダー選定までの一連のプロセスに取り組むには、多大な労力が発生します。ですが、手を抜いて先に進めようとすると、必ず手戻りや失敗につながります。その認識を十分にした上で取り組む必要があるプロセスです。

● 開発

システム開発を依頼するベンダーの選定が完了したら、いよいよシステムの**開発**へと進んでいきます。開発段階では、要件定義、設計、実装（プログラミング）、テストなどの工程があります。プロジェクト計画書（P.166参照）やマスタースケジュールを作成しつつ、ベンダーによる開発が問題なく進んでいるかを確認するなど、プロジェクトが成功するように導くのが重要なプロセスです。

■ 開発の流れ

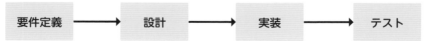

○ 受入

ベンダーによるシステムの開発が完了したら、要求通りのシステムになっているかを確認する**受入**のプロセスに進みます。また、受入と並行して、システムが実際の業務で使えるように、従業員への**教育**を行ったり、既存のシステムからの新システムへデータを移す**データ移行**をしたりなど、システムが稼動する前の準備を進めます。

■ 受入の流れ

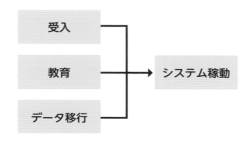

○ 運用・保守

システムを導入した後も、それで終わりではありません。発生した不具合を解決したり、改善できる部分がないか探ったりなどといった、**運用・保守**の仕事が重要になってきます。システムの「本来の目的が達成されたか」を確認するとともに、システム稼動後に現場から挙げられる要望の対応や、時代に合わせたセキュリティ対策の実施など、導入したシステムが利活用されるようにする必要があります。

まとめ

▷ **システム外注のプロセスに従い、どのプロセスも手を抜かずに取り組む**

▷ **ベンダー側の視点もできる限り想像しながら進める**

04 ベンダー選定までが勝負

システム開発においては、重要ではないフェーズは存在しません。しかし、1つだけ重要なタイミングを挙げるとすれば、ベンダーを決定するタイミングであるといえます。ベンダー選定までの過程が重要な理由について、例を交えて解説します。

⦿ ベンダーを決定する前後で何が変わるのか

　ベンダー選定において委託先のベンダーを決定する前までは、スケジュールも委託先もまだ選択肢が残された状態であるといえます。一方で、委託先のベンダーを決定すると、下表のように多くの制約が発生します。

■ ベンダー決定後に発生する制約

項目	決定前	決定後
費用	ベンダー各社からの提案・見積を検討している段階であり、対ベンダーと対社内のどちらにおいても、内容・金額ともに変更が可能	ベンダーからの見積金額を基に意思決定を行い、契約をするため、それを基に今後のすべてのプロセスが進む。もちろん変更ができないわけではないが、変更のためにはベンダーとの調整ばかりでなく、社内の調整も発生し、多大な労力がかかる
スケジュール	ベンダーを決定していない（発注していない）段階なので、ベンダー各社から提示されたスケジュールの変更は可能。費用に影響のあるスケジュール変更についても、ベンダー、社内ともに調整ができる	スケジュールもベンダーと合意した上で契約をする。もし変更が発生する場合にはベンダーとの調整、社内の調整も発生する。場合によっては、費用に影響することもある
スコープ（作業範囲）	ベンダーを決定していない（発注していない）段階なので、スコープの変更は可能。費用やスケジュールに影響のあるスコープの変更についても、ベンダー、社内ともに調整ができる	ベンダーに発注する際には、当然ながらシステムで実現する範囲などのスコープも合意されている。発注後にベンダーとの会話を重ねる中で、システム化の範囲を再考したくなるケースは多く、必ずしも受け入れられないわけではない。しかし、スコープの変更が費用やスケジュールに大きな影響を与えてしまうことも多い

このように、**ベンダー決定後には計画の変更や手戻りが難しくなる**ことが、理解できるでしょう。

◯ 失敗例1：システムがオーバースペックだった

ベンダー選定に失敗するとどうなるのか、具体的なイメージができない方もいるかもしれません。そこで、ベンダー選定に失敗した結果の事例をいくつか紹介します。

ある化粧品小売・製造業のA社において、世界的にも著名でシェアの高いクラウドサービス型の営業支援システムを導入しました。導入の意思決定をしたのは、もちろんベンダーからのシステムの提案を受けて、優れていると判断したからでした。

ところが、導入から1年経過しても、当初期待していた通りに利用することはできませんでした。それほど高額なシステムでなければまだよかったのですが、A社にとっては費用負担も大きく、悩みのタネになっていました。

このシステムは、**A社が本来利用したい機能のスコープを大幅に超えた高機能なシステムであり、設定や運用が難しく、A社にはオーバースペックであった**ことが主な要因でした。結果、他の軽量で安価な営業支援システムに入れ替えました。当初導入した営業支援システムは、高い勉強料になってしまいました。

■ 失敗例：複雑すぎるシステム

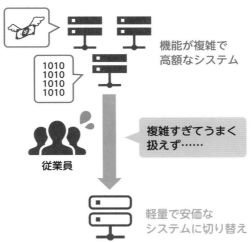

機能が複雑で
高額なシステム

複雑すぎてうまく
扱えず……

従業員

軽量で安価な
システムに切り替え

● 失敗例2：開発プラットフォームの評価が不十分だった

　ある企業向け診断サービスを提供しているB社で、その診断サービスをクライアント企業に提供したり、それを社内で管理するための業務システムを再構築したりすることになり、ベンダー選定を実施しました。複数社の提案を受けた結果、独自の開発プラットフォーム（システム開発のためのツール）を活用し、**一番安価な提案であったC社**に委託することになりました。

　B社とC社で、提案した要求を具体的なシステムの要件へと落とし込む要件定義（P.174参照）を進めた結果、C社の開発プラットフォームでは想定通りに活用ができない（機能が不十分である）ことがわかりました。その結果、B社がC社に依頼することを決めた際の見積金額から、2倍ほどのシステム開発費用がかかるということが発覚し、B社にはプロジェクトを継続する費用は出せないと判断し、プロジェクトは中止になりました。

　この失敗は、B社が意思決定をする際に、**C社の開発プラットフォームの評価を十分にせずに、価格重視で意思決定をした**ことが大きな原因でした。

■ 失敗例：開発の評価が不十分

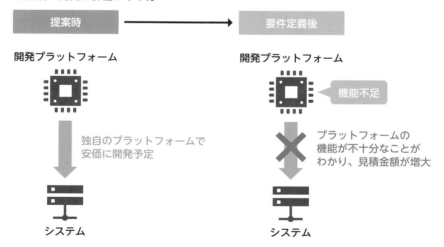

● ベンダー選定にかけられる労力には限りがある

このように、ベンダー選定までが勝負……ではありますが、ベンダー選定に無限の労力・時間を割くわけにもいけません。慎重に時間をかけてベンダーを決定したいところですが、限りはあるのが現実なので、**どこかのタイミングで納得のできるベンダーに決定する必要があります。**

また、どんなに慎重に時間をかけたところで、その後の失敗がゼロになるわけでもありません。ある程度の労力・時間をかけてベンダーを決定したら、後はベンダーを信じて、一緒にプロジェクトの成功に向かって進めていきましょう。ベンダーの選定後は、費用やスケジュールなどといった制約が生じるものの、ときには軌道修正をしながら進めて成功に導くことが重要です。

ベンダー選定までの過程は非常に重要なので、本書では2〜4章にわたって詳しく解説していきます。

まとめ

▷ **ベンダー選定に失敗すると、大きな損害につながることを十分に理解する**

▷ **ベンダーを決定すると費用・スケジュール・スコープなどの制約が大きくなり、変更が困難になる**

▷ **ベンダー決定後は、費用やスケジュールなどの軌道修正をしつつ、ベンダーを信じてプロジェクト成功に向かって進んでいく**

05 中小企業のベンダー選定における注意点

ベンダー選定までの流れは、企業規模によって大きく変わるわけではありませんが、大企業と中小企業で同じやり方はできません。詳しくは2～4章で説明しますが、中小企業がベンダー選定に取り組む際に押さえるべきポイントの概要を解説します。

● 企画では「経営者が積極的に関わる」こと

企画フェーズで重要なポイントは、**経営者（社長やIT・システムの担当役員）が積極的に関わること**に尽きます。

理由の1つは、**中小企業では経営者が意思決定に及ぼす影響が大きい**ためです。経営者が関与しないまま企画を進めた場合、最後に経営者に承認してもらう際にひっくり返されてしまう恐れがあります。

■ 中小企業の経営者は意思決定に及ぼす影響が大きい

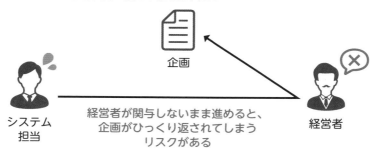

企画

システム担当

経営者が関与しないまま進めると、
企画がひっくり返されてしまう
リスクがある

経営者

また、**システム開発は経営に大きな影響を及ぼす**という点も、経営者が企画フェーズで積極的に関わるべき理由の1つです。経営者が企画段階に十分に関わらず、システム開発の対象範囲と、それにかかる工数や費用を理解していないままシステム開発を進めてしまうと、経営者が期待していた投資効果が得られないリスクがあります。期待通りのシステムが完成しないと、業務が適切に進められなかったり、経営上の意思決定が適切にできなかったりといった事態に陥りかねません。

　そもそもシステム開発には多大な工数・費用がかかるので、失敗すると金銭面での大きな負担にもつながります。経営者がシステム開発に対して理解・関心を持つことは、とても重要です。

■ システム開発は経営に大きな影響を及ぼす

◉ 要求定義では「現状にとらわれないようにする」こと

　新しいシステムの要求定義をする際には、**現状の組織や業務のあり方にとらわれずに、組織や業務を最適化すること**が重要なポイントの1つです。

　中小企業においては特に人員が限られていることが多いため、次のような問題を抱えていることがあります。

- **部署異動や担当業務変更があっても、旧来担当していた業務を継続して担当してしまい、本来意図している組織設計、業務設計からかけ離れ、気がつかないうちに業務が非効率的になっている**
- **数十年単位で特定のベテランスタッフのみがその業務を担当しており、業務が完全にブラックボックス化し、その担当者がいなければ業務が回らないようなリスクを抱えている**

　これらの問題点を解消できるように、新しいシステムの要求事項をまとめていく必要があるでしょう。

● ベンダー選定では「身の丈に合った相手を探す」こと

ベンダー選定フェーズで中小企業にとって何よりも重要なことは、**「身の丈に合った相手を探す」**ことです。例えば、自動車を購入する際には次のような選択肢があります。

- **高級スポーツカー**
- **積載量の大きい大型SUV**
- **エコカー**
- **軽自動車**

一般的には、このような選択肢から身の丈に合った自動車を選択するはずです。ベンダー選定においても、事業規模や現実的に投資可能な金額などで身の丈に合った選択をするべきなのは同じです。システムに利用するパッケージ製品そのものや、その導入を支援してくれるベンダー、どちらの観点においても身の丈に合わせることは重要です。

■ 身の丈に合った選択が重要

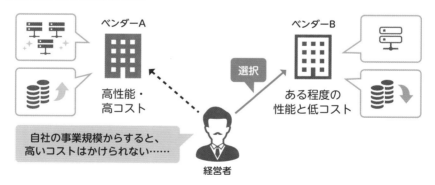

また、**ベンダーの巧みな口車に乗らない**ように注意しましょう。ベンダーの営業担当者は、売る専門家です。一方で、中小企業はシステムを提案してもらったり売ってもらったりすることに慣れていないことも多く、売る専門家の巧みな説明を、ついそのまま真に受けてしまいます。ベンダーの営業担当者が

嘘をつくというわけではありませんが基本的にはそのベンダーにとってポジティブな情報しか話さず、ネガティブな話をすることはほとんどありません。その点を十分に理解した上で、ベンダーの営業担当者の話を聞くようにしましょう。できる限り、ネガティブな情報を引き出すような質問ができるとよいですし、ネガティブな情報を積極的に話してくれる営業担当者は信頼できることが多いです。

■ 各プロセスで注意すべきことのまとめ

プロセス	注意点
企画（2章）	・経営者が積極的に関わる（現場に丸投げはしないこと） ・システム担当者だけがリードするのは現実的ではない
要求定義（3章）	・業務のブラックボックス化を解消する ・組織や業務の最適化をする
ベンダー選定（4章）	・事業規模や現実的に投資可能な金額などの条件で身の丈に合った相手を探す ・ベンダーの口車に乗らない

　このように、中小企業においては、ベンダー選定プロセスを大企業や大規模案件と同じように実施することは困難であることを認識しつつ、ポイントを押さえながら適切なベンダーを選定することが重要です。

まとめ

▷ **企画フェーズでは経営者は積極的に関与・支援する**

▷ **要求定義フェーズでは組織や業務の最適化を実現するための要求事項を整理する**

▷ **ベンダー選定フェーズでは、事業規模や現実的に投資可能な金額などの条件で身の丈に合った相手を探す**

06 発注者とベンダー間で 共通認識を持つ工夫

1章の残りでは、システム外注する際の全体的な心構えについて解説します。ベンダーとの間で起こるコミュニケーションの内容は多種多様なため、共通認識を持ちながらプロジェクトを推進する工夫が必要です。

● システム開発における共通言語

　システム開発をベンダーに委託して進める場合、当然のことながらベンダーとの間には多種多様なコミュニケーションが発生します。

■ ベンダーとの間で生じるコミュニケーションの内容

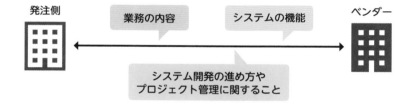

　コミュニケーションでは、システム開発の進め方や業務に関する内容があります。前者の「システム開発」そのものに関する内容では、**ベンダー側が専門的な言葉や社内のみで定義された言葉を使いがち**です。発注側がそもそも意味が理解できなかったり、システム開発における言葉の理解を誤ったりすることが多々あります。このような言葉を、発注者とベンダーで共通言語として理解するためには、次のような方法があります。

● 方法1：プロジェクト計画書で定義する

　開発工程の最初で、**プロジェクト計画書**と呼ばれる資料を作ることで、そのプロジェクトにおける具体的なシステム開発の進め方や責任・役割分担、成果

物などの内容を正確かつ詳細に定義します。「これはさすがに当たり前だろう」と思うような内容についてもしっかりと定義し、関係者で共通認識を持つことが重要です。プロジェクト計画書での定義をおろそかにすると、次のような問題が発生することがあります。

なお、プロジェクト計画書の詳細な説明は、第5章で行います。

■ 発生する問題点の例

問題	原因
ベンダーからシステムの画面についての設計書が提出されなかった	ベンダー側は実際に作った画面のみを成果物とする想定であった
発注者側としては、本番稼動開始前まで、機能の追加・変更に対応していると考えていたが、実際には基本設計の工程以後の追加・変更には対応してもらえなかった	ウォーターフォール型のシステム開発では一般的な対応であるが、発注者側はその理解がなかった
発注者側としては、ベンダーから納品されたらすぐに業務で利用できると思っていたが、ベンダーから受入試験の実施を求められた	一般的には受入試験の実施は当然実施すべきことであるが、発注者側にその認識がなかった

● 方法2：共通フレームを活用する

独立行政法人情報処理推進機構（IPA）が公開している、**共通フレーム**（最新版は2013）を参考にする方法があります。

共通フレームとは、IPAにより「ソフトウェアの構想から開発、運用、保守、廃棄に至るまでのライフサイクルを通じて必要な作業項目、役割等を包括的に規定した共通の枠組み。何を実施するべきかが記述されている、**『ITシステム開発の作業規定』**」と定義されており、「日本において、ソフトウェア開発に関係する人々（利害関係者）が、**『同じ言葉で話す』**ことができるようにする」ということを目的としています。関係者が共通認識を持ちながらシステム開発をするには、最適な内容と言えます。

ただし、共通フレームは相当なボリュームがあり、すべてを読み込んだりそのまま適用したりするのは無理があります。規模の小さな案件ではなおさらです。従って、どちらかというとプロジェクト計画書による定義が現実的です。その際、共通フレームの内容を辞書的に参考にするのはよい使い方です。

業務に関する共通言語

システム開発の言葉ではなく、業務に関する言葉については、**「発注者側が当たり前のように使っている言葉だが、ベンダーには理解できない」「一般的な言葉でも、社内で独自の意味が定義されている」**といったケースがよくあります。

業務に関する言葉を、発注者とベンダーで共通言語として理解するためには、次のようなやり方・ポイントがあります。

方法1：用語辞書を作る

発注者側独自の単語や略称、一般的な解釈と少しでも異なる意味で使われている単語などについて、関係者がいつでも参照ができる場所に**用語辞書**を作ることが重要です。用語辞書はできる限りプロジェクト開始前に作成し、後は必要に応じてメンテナンスをしていくようにしてください。

■ 用語辞書の例（出版業界の場合）

項目	意味
委託	取次への納品形態の1つ。最初に「こういう新刊を出しました」と言うとどさっと仕入れてくれるのが委託
注文	その後、書店から少しずつ頻繁にくるのが注文。客からの注文なしで書店が注文してくれることもある。書店業界的には基本的に返品はなし。但しA社は返品を受け付けている
仕入割引	最初の委託の冊数にかかってくる。その分は、実質XX%の仕入ということ

方法2：「知っていて当たり前」はないものとして取り組む

発注者側としては、専門家であるベンダーに頼んだのだから「何でも知っていて当たり前」と思いたくなります。しかし、「知っていて当たり前」というのはとても曖昧な感覚で、認識の不一致によるトラブルを引き起こす大きな要因の1つです。発注者側は**「知っていて当たり前」は一切ない**ものとして、ベンダーとのコミュニケーションを重ねるようにしてください。

● 方法3：ベンダーの「わかっている」を真に受けない

ベンダーはシステム開発の専門家として案件を引き受けていますし、同じ業界の案件も数多く経験していることが多いので、「わかっているつもり」になりがちです。実は、これもトラブルの温床です。

同じ単語でも発注者によって意味が異なり、それが後から発覚して大きなトラブルが発生することは、よくあります。ベンダーが「わかっている」という発言をしたり、理解をしている雰囲気だったりしても、事細かに内容の確認をするなど、**そのまま信用しないようにしましょう。**特に、少しでも「あれ、理解が違うかな」と感じた際は、要注意です。

■ ベンダーとの言葉の意味の違い

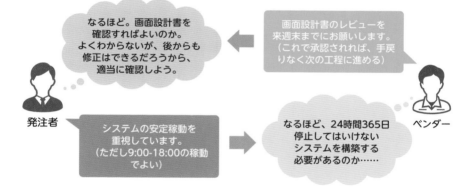

まとめ

▶ 発注者側とベンダーでは、言葉の意味の解釈が異なる前提で取り組む

▶ 言葉の定義はプロジェクト計画書や辞書などで明文化・可視化する

07 システムのライフサイクルを意識する

システムを新しく開発するときも、交換（リプレース）するときも、システムのライフサイクルを考えることは、とても重要です。システムのライフサイクルとは何か、どのように考えればよいかを解説します。

● システムのライフサイクルとは

システムのライフサイクルとは、システムの開発段階から利用、廃棄までの一連のサイクルのことです。大きく「計画・検討」「開発」「利用」「廃棄・リプレース」の4つのフェーズに分けられます。

■ システムのライフサイクル

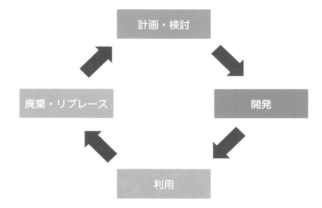

どのようなシステムを導入する計画・検討をする際にも、多くの場合は開発、利用中のことはしっかりと検討しますが、廃棄やリプレースのことまで視野に入れて検討できていることは、とても少ないのが実態です。

廃棄やリプレースを事前に検討しておくことで、次のような事態を防ぐことができます。

- ほとんど利用されていないにも関わらずシステムを稼動し続けて、無駄な費用が発生し続ける。かつ、それに誰も気がつかない
- すでに利用者や管理者がいないシステムがセキュリティ対応もされずに放置され、外部からの攻撃の標的になってしまう
- リプレースの計画をせずに10年以上も利用し続け、世間離れした旧態依然としたシステムになり、業務効率が低下してしまう

●「計画・検討」から「利用」の開始までのポイント

　新しく開発するシステムにおいて、ライフサイクルの観点で重要なポイントを段階ごとに見ていきましょう。「計画・検討」から「利用」の開始までにおいて重要なポイントを説明します。

　まず、システムを利用した、あるべき**業務フロー**を設計してからシステム開発をスタートすることが重要です。業務フローを設計せずにシステムを作ると、一見して機能はそろって見えても、実は機能が不足していて業務が回らなかったり、効率が悪い機能になったりしていることが多く、注意が必要です。

　また、新しく開発するシステムは、利用しはじめてから機能の不備や、変更が必要な点に気がつくことが多いため、**追加開発や修正、設定変更が多く発生することを前提にしておく**必要があります。

　利用の開始は、すべての機能ができてからではなく、**できあがった機能から先に利用できるようにする**ことが望ましいです。先に一部の機能を利用しはじめることで少しでも業務を効率化できたり、これから作る機能に事前にフィードバックすることでよりよい機能開発を期待することができたりします。

　開発するシステムの利用者数やアクセス数などが予想しにくい場合は、**後から拡張しやすいシステム構成**で構築しましょう。

●「利用」の開始直後のポイント

　新しく開発するシステムは、利用開始直後にシステムへの要望が多く発生しやすいです。受け付けた要望は、すぐに対処するのではなく、**優先順位を冷静に見極めながら対応をしていく**ことが重要です。加えて、優先順位づけのルー

ル、意思決定プロセスを明確にしておくことをおすすめします。

　また、システムの利用状況やインフラへの負荷状況を監視し、サーバーなどのリソース不足で**システムの動作遅延や停止が発生しないようにする**必要があります。状況を見ながら、必要に応じてサーバーリソースの増強などの対応を行います。

● 「廃棄・リプレース」のポイント

　システムは、**利用期間や利用状況、サーバーやOSなどのサポート期限をあらかじめ考慮**し、どのような条件になったら廃棄やリプレースをするかを検討しましょう。導入の検討段階から想定しておくことをおすすめします。

　もし、検討段階からの想定が困難な場合は、利用開始後に**定期的（例えば1年ごと）にリプレースや廃棄の検討**をしてください。

　また、利用開始してからそれほど時間が経っていなくても、**計画の通りにシステムが利用されない場合は、思い切ったシステムの廃棄やリプレース**も検討しましょう。

■ ライフサイクルの段階ごとの観点

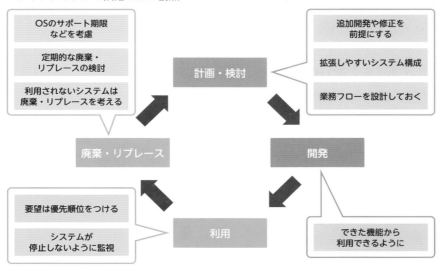

● 既存システムがある場合のライフサイクル

　新規の開発ではなく、既存のシステムがある場合、ライフサイクルを考える上では別の重要な観点があります。

　まず、既存のシステムのサーバーやOS、データベース（DB）、開発言語などのサポート期限を正確に把握し、**どのタイミングでリプレースしなければならないかを常に把握する**必要があります。少なくとも年に1回は最新の情報を収集し、把握するようにしてください。

　リプレースをする場合には、「**プログラムを維持する**」または「**すべて新しく作り変える**」という2つの選択肢がありますので、それぞれの状況により冷静に判断してください。

　プログラムを維持する場合、サーバーやOS、DB、開発言語などの技術要素をリプレース（バージョンアップ）し、プログラムそのものは維持します。このタイミングでプログラムに一部修正を加える場合もあります。

　現行システムは廃棄して、すべて新しく作り変える場合、多大な金銭的、人的コストが発生しますが、既存システムが現状業務や外部環境とマッチしない状況に陥っている場合などは、大きな効果も期待でき、有力な選択肢です。

　なお、既存システムで対応している業務をやめたり、他のシステムの利用に移行したりする場合は、システム停止を検討する必要があります。他システムへの移行やシステム停止も乱暴に進めると大きな混乱や情報損失などのトラブルが発生しますので、しっかりと計画を立てて進めてください。

まとめ

▶ **システムの計画・検討段階から、リプレース・廃棄の想定をできる限りしておく**

▶ **システムのリプレース・廃棄時は、「プログラムを維持する」「すべて新しく作り変える」「廃棄する」といった複数の選択肢から冷静に判断する**

08 プロジェクト中止の検討が必要なケース

プロジェクトの開始には、たくさんの苦労を伴うことが多いので、せっかくはじめたプロジェクトは絶対に成功させたいと誰もが思います。しかし、プロジェクト中止の判断が必要な場面に遭遇することもあります。ここでは例を含めて解説しましょう。

● 事例1：想定していた運用ができない

　綿密な計画を基にスタートしたプロジェクトでも、想定外の出来事は少なからず発生します。ここでは、プロジェクトの中止が必要な事例（架空の事例です）をいくつか紹介します。

　従業員数30名ほどの化粧品製造・販売の会社では、社長の強い思いから、世界シェア1位で高額なクラウドSFA（Sales Force Automation：営業支援）システムを導入しました。しかしながら、利用を開始してから1年以上経過しても、当初思い描いていたようには運用ができていません。社長はそのような現状を受け止め、利用を諦める決断をしました。

■ 導入したシステムを1年で利用停止

世界シェア1位の
高額なシステムを導入

1年後

当初想定していたような
運用ができず、利用を停止

● 事例2：受入テストで不具合が判明

　従業員数200名ほどの服飾製造の会社において、IT担当役員である取締役のリードの下で基幹業務システムを20年ぶりに刷新すべく、リプレースのプロ

ジェクトを推進していました。システム開発も終盤を迎え、システムの利用部門を参加させた受入テストを開始すると、多くの業務で実用に耐えられそうにないことが判明しました。そこから1年間、システムの修正を継続したものの、不具合の収束が見込めず、中止という決定に至りました。

■ 受入テストで不具合が判明しプロジェクト中止

開発	受入テスト	修正
	実用に耐えられない ことが判明	不具合を修正しきれず、 プロジェクト中止

● なぜ中止の判断が難しいのか

　プロジェクトが中止された事例も多くある一方で、中止の判断が難しいのも事実です。プロジェクトを中止するのが難しい一番の理由は、**サンクコストバイアス**でしょう。サンクコストバイアスとは、「お金や時間をすでに使ってしまい回収不可能な状況で、後には引けなくなり、合理的な判断が難しくなる人間の認知的な傾向」のことです。

　一言で表すならば、**もったいなくて止められない**ということです。システム開発のプロジェクトは、かかるお金・時間が膨大なので、サンクコストバイアスが極めて働きやすいのです。中止をする場合には、誰かが責任を取る必要もあるため、中止の判断はよほど強い気持ちがなければできないでしょう。

● プロジェクト中止を判断すべき状態

　プロジェクトを中止せずに、何らかの是正措置をして継続ができればよいですが、ときには冷静になって、中止を判断することも重要です。具体的には、次のような場合にはプロジェクトの中止を検討したほうがよいでしょう。

- ベンダー側の体制が整わない
- 発注者側の体制が整わない
- ベンダーとの要件定義をした結果、当初の見積とかけ離れた開発見積が提示された（表を参照）
- ベンダーとの要件定義をした結果、選定した製品・サービス・ベンダーが最適な選択肢ではないことが判明した
- ベンダーからシステム開発の進捗状況は順調であると報告を受け続けてきたが、納品日の直前に納期遅れの報告を受けた
- 受入を実施しはじめたが、プログラム不具合、仕様不具合が頻発し、収束が見えない（グラフを参照）

■ 提案時とかけ離れた開発見積金額の一例

	提案時	要件定義後
要件定義	500万円	500万円
基本設計	2,000万円	**3,000万円**
製造	4,000万円	**8,000万円**
…	…	…

■ 不具合発生件数の推移グラフ（イメージ）

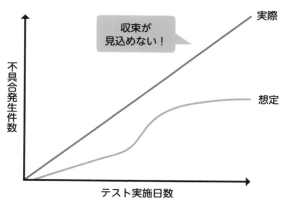

● プロジェクト中止判断をする場合の注意点

いざプロジェクト中止をするとなると、その判断は一筋縄ではいきません。

最終的な責任はプロジェクトオーナーが負いますが、その判断のためには直接的な関係者や第三者からの意見や協力も重要です。

具体的に注意すべきポイントには、次のような内容があります。

- 社内外の関係者と十分に事実確認、意見交換を行い、プロジェクトを継続して完遂することができないか、十分に精査する
- 感情的にならずに、根拠を明確にし、冷静かつ客観的に判断する
- 場合によっては、コンサルタントなどの第三者に相談する
- 特定の担当者のみが過度な責任を負うことがないようにする
- プロジェクトオーナーが最終責任者であり、プロジェクトリーダーや現場担当者に必要以上の責任を負わせないようにする

まとめ

- ▶ プロジェクト中止の検討が必要なケースも存在する
- ▶ プロジェクト中止の可否は冷静かつ客観的に判断する
- ▶ プロジェクト中止の責任はプロジェクトオーナーが負うが、社内外の関係者や第三者からの意見や協力もあおぐ

09 システム外注に必要な社内体制

発注者側の社内体制が不十分であったことに起因するシステム開発のトラブルは、よく発生します。システム開発をする際には、発注者側としての社内体制の整備は、とても大切なテーマです。

● システム開発におけるプロジェクト体制とは

　システム開発においては、プロジェクトの**ステークホルダー（利害関係者）**の責任と役割を明確にした体制作りが欠かせません。日々の業務で手一杯の中、システム開発の担当者をアサインするのは大変……というのは、どの企業でも抱える悩みではありますが、社内体制の整備はプロジェクトの成功に不可欠です。

　システム開発においては、次のような役割の担当者で体制が構成されます。

■ ステークホルダーと主な役割

ステークホルダー	主な役割
プロジェクトオーナー（PO）	プロジェクトの開始、終了を決定する プロジェクトに関連する重要事項（費用の増減、スケジュール変更、担当者アサイン、大きなタスクや課題の解決策など）の最終決定をする
プロジェクトマネージャー（PM）	プロジェクトのスケジュール、コスト、品質を管理する
プロジェクトリーダー（PL）	プロジェクトを計画の通りに推進する
プロジェクト担当者	プロジェクトリーダーの指示の下、各種タスクを実行する
事務局・プロジェクトマネジメントオフィス（PMO）	プロジェクトマネージャーをサポートする

それぞれのステークホルダーは、**発注者側、受注者（ベンダー）側のそれぞ
れに必要**であることが重要なポイントの1つです。上述したステークホルダー
について発注者側のプロジェクト体制図を表現すると、次のようになります。

■ 発注側のプロジェクト体制図の例

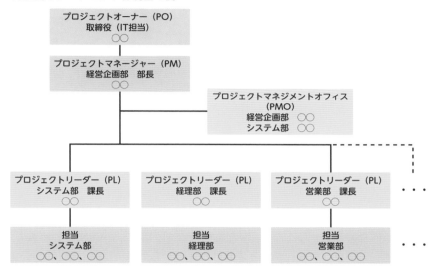

体制を決めたら、**各自が責任を持って、その役割を全うしましょう。**意思決
定をしないPM、現場担当者任せのPL……というのはよく見かける光景ですが、
それではプロジェクトは成功しません。

● 社内体制の整備が不十分だとどうなるのか

社内体制の整備が不十分で、役割が明確になっていないままシステム開発を
進めた場合、次ページの例のようなトラブルが発生することが多くなります。
また、同じ役割の担当者が複数いた場合、「誰かがやるだろう……」と考えて
いたのに実際には誰も手をつけず、スケジュールが遅延してしまうというトラ
ブルも起こりえます。

■ 役割が決まっていないと起こるトラブルの例

不明確な役割	トラブル	役割を担当すべきステークホルダー
要件の意思決定者	ベンダーとの要件定義プロセスが思うように進まなかった	プロジェクトリーダーが多い。今までの業務ルール・プロセスから大きな変更が伴ったり、他部門との調整が必要になったりする場合は、プロジェクトマネージャーやプロジェクトオーナーを意思決定者とするようなルールを定義することも多い
ベンダーの成果物に対する確認責任者	ベンダーが作成した基本設計書の不備を見落としてしまい、本来意図していないシステムが納品されてしまった	ベンダーの成果物に対する確認責任者は、要件の意思決定者と同様に責任者を定義することが多い
ベンダーマネジメントの責任者	システム開発の進捗状況の把握が十分にできておらず、大幅な納期遅延・コスト増が発生してしまった	プロジェクトマネージャーが責任者になることが一般的。納期・品質・費用などの具体的な管理については、プロジェクトマネジメントオフィスが支援するという役割分担をすることが多い

　表に挙げたようなトラブルは日常的に目にする内容で、決して珍しいものではありません。発注者側に起因するトラブルは、システム開発を担当するベンダー側に責任を転嫁することもできず、手助けをしてもらうにも限界があります。システム開発をする際には、**ベンダーには丸投げができず、十分な社内体制の整備が必要**であることを理解して取り組んでください。

　以上、システム外注する際の全体的な心構えについて説明してきました。これらの心構えを踏まえた上で、次章以降を読み進めてください。

まとめ

▶ **システム開発には発注者側の十分な社内体制の整備が必要**

▶ **ステークホルダーがそれぞれ与えられた役割を全うすることがプロジェクトの成功に不可欠**

2章

システムの企画

システム外注の流れにおいて、最初の工程は「企画」です。本章では、企画では具体的に何をするのか、どういったポイントがあるのかを解説します。

10 システムの企画は非常に重要なフェーズ

システムを外注するときは、まずは企画が必要です。企画をせずに外注してしまうと、期待するシステムが導入できません。ここでは、なぜ企画が必要なのか、企画をしないとどのようなことが起こるのか、そして企画の進め方について解説します。

● システムの企画が必要な理由

　システム外注における**企画**とは、**自社にはどのようなシステムが必要か、どのようなスケジュールで導入するかを具体的に考え、文書化する作業**です。

　企画はベンダーに依頼するのではなく、自社で行う必要があります。システムを外注する場合はベンダーに料金を払うことになるのに、なぜわざわざ自社で企画しないといけないのでしょうか。それは、自社に合うシステムの企画は一見簡単なようでいて、実際はベンダーに任せっきりにするのが難しい作業だからです。その理由として、次のようなものが挙げられます。

- ベンダーは自社の要望や業務の中身を知らないので、どのようなシステムが合うかわからない
- ベンダーは売りたいシステムを売るのであって、必ずしも自社に合うシステムを売るわけではない
- システムの要望をうまくベンダーに伝えるのは、慣れていないと難しい

■ 要望をベンダーに伝えるのは難しい

● 企画をしないとどうなってしまうのか

自社で企画をせずベンダーに任せっきりにしたり、他社が導入済みで評判がよいシステムをそのまま導入したりすると、次のような問題が発生します。

- 必要に応じて都度、場当たり的なシステム導入を繰り返し、全体的に整合性のないシステムになってしまう
- 従業員が使いこなせないシステムや経営環境の変化についていけないシステムを導入し、かえって業務効率が低下してしまう
- 維持コストが高額なシステムを導入し、投資効果を得られなくなってしまう
- 現場から寄せられた大量の要望の収拾がつかなくなり、導入作業が混乱して中止になってしまう

また、ベンダーにシステム要件の「目玉」となるテーマさえ伝えれば、後はプロとしてよい具合にやってくれるだろうと期待し、企画をせずに発注を進めてしまうケースがよくあります。

■ 企画をせず、テーマだけ伝えて発注してしまう事例

「オムニチャネル」に対応した基幹システムが欲しいので、提案よろしく！他の機能は現行踏襲で！

「オムニチャネル」や「現行踏襲」だけだとわからない……

発注側
（小売業）

依頼

ベンダー

※オムニチャネル：消費者が複数のチャネル（経路）をまたいでもスムーズに商品購入ができる仕組み

これは発注側の次のような思い込みに基づいて行われます。

- 改善したい業務を大まかに伝えさえすれば、ベンダーが自社に合った具体的な機能を提案してくれるだろう
- ITのプロではない発注者側が具体的な要件を決めてしまうと、期待以上の提

案が得られないかもしれない
- **現行を踏襲した機能は、自社の業態であれば他の会社にもある機能なので、ベンダーは当然知っており提供機能に網羅されるはず**

　このような考えで依頼したとしても、ベンダーは発注側の業務を把握していないため、具体的な改善提案をすることができません。他社事例を紹介することは可能ですが、それが発注側に適合するとは限りません。

　また、現行踏襲機能は、ベンダー側で同じ業種・業態の導入経験があればある程度想像することは可能ですが、発注側が必要とする機能をすべて把握することはできません。

■ 企画がないとベンダーに伝わらない

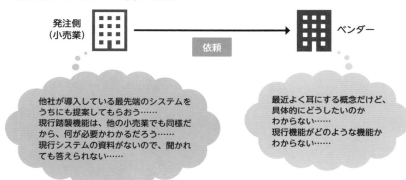

　上記のような事態を防ぐために、企画の段階では、「**効率のよい仕事とはどのようなものか**」「**顧客接点を強化し売上向上に寄与するにはどのようなプロセスが必要なのか**」などを自社で考えた上で、必要なシステムを定義しなくてはなりません。

　必要なシステムを定義したら、その内容を企画書にし、自社内の合意をまとめ、経営層を巻き込み、方針をトップダウンで決めていきます。

　最終的には、作成した企画書の内容に基づいて、要求定義（P.096参照）の段階で**RFP**（提案依頼書）を作成することで、自社が望むことをベンダーが理解できるようにしていきます。

● 企画で決めることと進め方

企画では、具体的には次の8つの内容を決め、企画書に記載します。

■ 企画で決めること

項目	説明
①解決したい課題	システム導入を検討しはじめた背景にある課題を具体的にする。最終的にはベンダーへ伝えることで、「なぜそのシステムが欲しいのか」の背景を把握してもらう。それにより、ベンダーは要望の理解が進み、よい提案がもらえるようになる
②システムの目的	システム導入を何のために行うかを明確にする。システム導入をはじめると、導入自体が目的となってしまうことがあるので、どのようなビジネス目的を達成したいかを具体的にする
③業務とシステムの将来像	今後の会社の方向性や課題解決を考慮し、業務とシステムのあるべき姿を描く。大まかなテーマだけではなく、自社の事情を考慮した具体的なイメージにする
④社内体制	社内でだれがどのような役割でシステム導入に参加するかを明確にする。通常業務とは異なる役割分担で進めることになるので、「プロジェクト体制」として新たにチームを作成する
⑤スケジュール	発注先をいつまでに決め、新システムをいつから稼動するかの概要スケジュールを決める。採用するベンダーによりスケジュールが変わる可能性があるが、企画時点では、自社がいつから新システムを稼動させたいかを決める
⑥実現方法	スクラッチ開発、パッケージ導入、サービス導入など、自社オリジナルのシステムを開発するのか、すでに世の中にある製品を使用するのかなどを検討し、方針として定める
⑦予算	外注でいくらまで費用がかけられるか予算を設定する。企画時点では外注先が決まっていないので費用はわからないが、自社内で上限費用を決めておくようにする
⑧期待効果	システム導入後の期待効果を、できる限り数値化して設定する

これらの8つの項目を決めるため、**企画は「現状把握」「問題点の整理・原因分析」「将来像（To Be）の可視化」「システム市場の把握」「予算の上限設定」の順番で進めていきます。**これらの検討のポイントと進め方の詳細は、次節以降で解説します。

■ 企画の進め方

進め方	決めること
現状把握	
問題点の整理・原因分析	①解決したい課題
将来像（To Be）の可視化	②システムの目的 ③業務とシステムの将来像 ④社内体制 ⑤スケジュール
システム市場の把握	⑥実現方法
予算の上限設定	⑦予算 ⑧期待効果

● 企画書の例

　企画の段階において、最終的に作ることになる企画書は、次のようなものになります。

■ 企画書の例（システム導入の目的）

システム導入の目的

1. 業務効率化によるコスト削減	・受注業務、生産計画、配車計画、外注管理などの業務効率向上 ・実際原価と標準原価の差異分析による原価低減
2. 経営情報のリアルタイムで詳細な把握	・全社在庫の一元管理とリアルタイム受注引当処理 ・決算短縮を目指したデータ連携機能による週次決算実施
3. 評価につながるシステム	・12月原価把握のスピードアップによる予算作成効率・精度の向上 ・予実算管理を撤廃した、個人別損益評価の実施

■ 企画書の例（期待効果）

期待効果

No	説明	現状	期待効果 （指標）	期待効果 （削減費用）
1	問い合わせ業務の削減	電話： 平均1,485件／月 メール： 平均595件／月	電話：平均700件／月 メール：平均300件／月 →問い合わせ件数50％削減	350万円
2	法人の申込業務の効率化	A社への外注費：1,000万円	A社への外注費：500万円 →外注費用50％削減 （データで受領する申込はすべて当社側で対応する）	500万円
3	修了証およびテスト結果表のデジタル化	紙の修了証発送件数 BtoC： 511件／月 BtoBtoC： 1,499件／月	紙の修了証発送件数 BtoC：250件／月 BtoBtoC：750件／月 →発送件数50％削減	200万円

「システム導入の目的」については、「将来像（To Be）の可視化」（P.068参照）の段階で、「期待効果」については「予算の上限設定」（P.092参照）の段階でそれぞれ決めていきます。

まとめ

▶ システム導入をすべてベンダーに任せると、欲しいシステムが手に入らない

▶ 自社が欲しいシステムが何なのかを伝えるためには「企画」が必要

▶ 業務とシステムのあるべき姿を描き、企画書にまとめてベンダーへ伝える

11　現状を誤解なく把握する

システムの企画では、自社の現状を把握することが必要です。本節では現状を誤解なく正確に把握する方法を解説します。なお、新規事業などで現行業務やシステムがない場合は、この節と次の節は読み飛ばしてください。

● 現状把握の実施

企画で最初に行うことは**現状把握**です。現状を正確に把握せずシステム要求を挙げても、実情に合わないシステムが導入され、期待する効果が得られないためです。現状把握では、次のようなことを実施していきます。

■ 現状把握で実施すること

● 調査票による業務の調査

どの業務に時間がかかっており、改善が必要なのかは、感覚的にはわかりますが、人間の感覚は誤っていることも多く、実は「他の業務と大差はない」ことが少なくありません。このようなことを防ぐには、何の業務にどの程度時間を要しているかを**調査票**で定量的に把握できるようにします。

現状把握では、**個人別業務調査票**と**部署別帳票調査票**の2種類の調査票を従業員に自己申告してもらいます。

個人別業務調査票は、**どのような作業をどのくらいの時間をかけて行っているかの作業の実態を客観的に把握する**ための調査票です。1日や1週間、1カ月といった一定の期間で、どの作業にどれだけの時間をかけているのかを入力

してもらいます。入力内容は、1人あたり10〜20項目程度が目安です。

■ 個人別業務調査票の例

区分	正社員	部課名	工場部	部課種別	製造・開発・工場系		役職		課長		名前		鈴木 イチロウ	
基本業務	出荷調整・工場応援業務						勤続（年）		10.0	現職（年）		20.0	月間所要時間（平均）	170
分類	作業内容		作業区分	処理周期	月間処理量			月間所要時間(H)			問題点および改善点			
					最小	最大	単位	最小	最大	平均				
試験・検査	立会い業務・試験業務		手作業	随時	18	22	件	50	60	55				
社内資料作成	立会い業務・試験業務・資料作成作業		ERP	日次	15	22	件	30	44	35	入力項目が多いため、時間がかかる			
電話応対	電話応対業務		手作業	日次	3	20	件	10	20	15				
製造・開発	現場確認作業		手作業	日次	10	15	件	3	10	5				
その他	営業活動（工場訪問等）		手作業	日次	15	40	件	40	50	45	その場で見積書の作成および提出ができない			
その他	予定確認作業		手作業	日次	20	40	件	1	5	2				
社内資料作成	各種資料作成業務		Excel	日次	4	15	件	1	5	2				

　部署別帳票調査票は、**システムが出力するものや、各部署においてExcel な**
どによりローカルで作成されている帳票数を把握するための調査票です。シス
テムが出力するものは、比較的簡単に種類や数を把握することができますが、
それ以外に、各部署が独自にExcelなどで作成している帳票も多数存在するこ
とがあるので、ある程度時間をかけて集める必要があります。

■ 部署別帳票調査票の例

部課名	第一営業部								帳票の流れ		月間データ量		問題点および改善点
No	帳票名	使用目的	作成区分	処理周期	取扱区分				入手先	配布先	最小	最大	
					作成	確認	入力	その他					
1	見積書		表計算ソフト	随時	○						144	150	基幹システムがすべての見積パターンに対応できていないため、Excelで作成している
2	配合計画書		会計システム	日次	○					工場部	30	30	
3	入金チェックリスト	商品受け入れデータシート	表計算ソフト	日次		○	○		経理部	経理部	10	30	Excelではなくシステム化してほしい
4	デリバリーシート		その他	日次	○				工場部		3	10	
5	作業日報		その他	日次		○					40	50	手書きのため、時間がかかる

全体的な注意点としては、「**細かく調べすぎない**」ことです。調べはじめると細かく正確に書き出すことが目的になり、時間をかけすぎてしまうことがよくあります。ですが、調査票の段階では全体的な感覚をつかむことに努め、問題がありそうな箇所は、後述する従業員へのヒアリングで詳細を把握するような進め方が必要です。

● 現行システムの資料収集

現行システムのリプレース（交換）を行う場合は、現行システムの資料を収集します。システムの内容を資料で改めて読み、現状の機能やハードウェア構成、費用的な問題などを確認します。ただし、これらの資料は大抵の場合、専門的なIT知識がないと理解できない内容が含まれるため、社内のシステム担当者が詳細な内容まで理解する必要はありません。

例えば、次のような資料を収集します。

■ 収集する資料の例

分類	資料
全般	・システム、ハードウェア、ソフトウェアの一覧 ・システム、ハードウェア、ソフトウェアの構成図 ・ネットワーク図、マニュアル、アプリケーション概要がわかる資料（設計書、メニュー一覧など） ・システム管理資料（運用記録、変更記録、インシデント記録など）
IT資産 （HW・SW）	・購入時の明細がわかるもの（見積書、納品書、請求書、契約書など） ・リース契約書、請求書 ・自社開発したシステムの構成、機能概要などがわかるもの
運用コスト	・保守、通信費、派遣の明細がわかるもの（見積書、契約書、請求書、元帳など）

なお、上記の資料は一例のため、資料が存在しない場合は新たに作成する必要はありません。また、これらの一部は、後の章で解説する「RFP（提案依頼書）」（P.120参照）の別添資料として活用します。

● 従業員や経営者へのヒアリング

　従業員に直接**ヒアリング**し、現状の業務とシステムの利用状況を把握します。ヒアリングの際は、次のような方法で行います。

- **ヒアリング時間は、1部署1～2時間程度**
- **月次のサイクルで業務を行う部署は業務の流れに従って聞く**
- **日次の時間のサイクルで業務を行う部署は1日のタイムスケジュールの流れに従って聞く**

　また、先述した2つの調査票（個人別業務調査票、部署別帳票調査票）の結果の中から、「時間の多い業務」や「件数や枚数の多い帳票」については確実にヒアリングするようにし、業務効率上の問題などを探っていきます。

■ 現場の従業員にヒアリングする

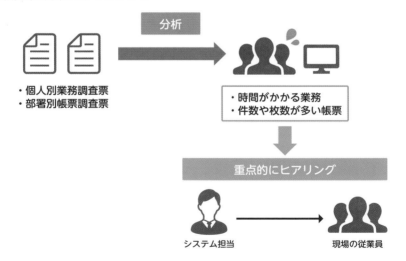

● 大きい声に惑わされない

　従業員からシステムの要望を集めるにあたって、「声の大きい従業員の要望が優先され、システムに組み込まれる」というケースが少なくありません。例えば、「〇〇の業務は毎月とても大変なので、新システムでは必須要件だ！」といった強い要望があると、システム担当側はそのままベンダーへ依頼しがちです。ですが、業務調査票に記載されている実際の業務時間を確認すると、実は大した作業時間ではない場合もあります。

　そのため、要望は言われたまま受け止めるのではなく、本当に改善すべきかどうかを見極めることが必要です。現状を正確に把握するには、**声の大きさではなく、調査票を使用し定量的な数値を基にすること**が重要です。

■ 定量的な数値を基に判断する

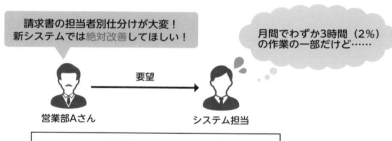

● 経営者には夢を語ってもらう

可能であれば、経営者にも会社の展望やシステムへの期待についてヒアリングし、会社の方向性とこれから外注しようとしているシステムに矛盾がないようにします。現場の従業員と経営者でシステムへの期待が異なることはよくあるので、この時点で把握しておきましょう。

■ システムへの期待が異なる例

自身の現状の業務の
やり方を前提にして、
より便利な機能を持った
システムがほしい……

効率が多少低下しても
構わないので、システムに
合わせて一般的な業務の
やり方に変えてほしい……

現場の従業員

経営者

業務の属人化に進む方向

業務の標準化に進む方向

事前に経営者の要望をヒアリングすることで、後になってからシステムの方向性に齟齬があったことが発覚する、といった事態を防げます。

まとめ

▶ 現状を感覚的にとらえるのではなく、「調査票」を使用して客観的な事実を積み上げる

▶ 調査はやりすぎるとキリがないので、最初に全体的な感覚を把握し、問題がありそうな箇所の詳細をヒアリングで調べる

▶ 現場だけでなく、経営者には夢を語ってもらい、システムに反映する

12 | 問題点を分析する

システムを導入する際は、現状で何かしらの問題が生じており、その解消が導入目的になることが多いです。目的を達成するためには、現状を把握した後、解決すべき問題点をしっかりとりまとめ、分析することが重要です。

● 現状把握の後は問題点を分析する

現状把握を終えたら、**現行システムと業務の問題点を把握して、その原因を分析します**。問題点の分析の作業は、次のような手順で進めます。

■ 問題点分析の手順

問題点を集める	問題点を分類する	主要な問題点を特定する	問題点を集約する
業務調査票やヒアリングの内容から、問題点を抜け漏れなく集める	「業務効率」「管理水準」「システム機能」などといった視点で問題点を分類する	優先して解決すべき問題点を特定する	関連のある問題点を集約し、本質的な問題を明確にする

● 問題点を漏れなく集める

まずは、前節で調査した業務調査票とヒアリングの内容から、問題点を集めていきます。問題点は抜け漏れのないように、大小関わらずすべて抽出しましょう。Excelなどでリスト化すると、後々の作業で便利です。

また、現状把握では問題点だけでなく「新システムへの要望」が挙がることも多々あります。これは、何か問題が生じていることへの対応策として挙がっていると考えられるので、**要望を問題点に置き換えてリストに含めます**。

■ 要望を問題点に置き換える

要望　　　　　置き換え　　　　　問題点

試作品報告は紙書類が
多いので、ワークフロー化
して欲しい

現場の従業員

試作品報告は紙書類が
多く、申請手続きに
手間がかかっている

システム担当

　問題点を一通り抽出した後は、可能であれば抜け漏れや認識違いがないか、ヒアリングした従業員に確認すると、より正確に収集することができます。

　なお、業務調査票やヒアリングからのみ問題を集めると、現場が認識している問題だけになってしまいます。そのため、外部のシステムコンサルタントのような第三者に、他社との比較をしてもらうという方法もあります。例えば、同業種や同業界のコンサルティング経験がある会社に、「他の会社ではそのようなことはしていませんよ」という第三者視点でのアドバイスを受けることで、**自社だけでは気づかない問題を新たに見つけ出す**ことができます。

● 問題点を分類する

　問題点が集まったら、全体的な傾向を把握するために**問題点を分類**します。適切な分類方法はシステム導入目的によりケースバイケースですが、例えば次のような視点から問題点を分類します。

- **業務効率**：1つの作業に多くの時間を要していたり、無駄な作業を行っていたりするケースの問題点
- **管理水準**：利益や在庫などの管理水準が不十分なケースの問題点
- **システム機能**：システムの機能が不足しているケースの問題点

■ 問題点の分類例

部門	No	問題点	視点			ソース
			業務効率	管理水準	システム	
営業部	❶	親会社からFAXで届いた見積り依頼書を見ながら、見積りシステムへ手入力しているため手間がかかっている	●			調査票
営業部	❷	紙ベースで管理している伝票が多いため、不要となった発注書の破棄が大量に発生している	●	●		調査票
営業部	❸	部門別、課別、品目別の損益を把握することができていない		●		ヒアリング
営業部	❹	見積りシステムの動作が遅く作業効率が悪い			●	ヒアリング
営業部	❺	外出先や自宅で見積りが作成できないため、残業や休日出社しなければならない	●		●	ヒアリング
工場	❻	前工程（段取り）、後工程の作業実績も把握できておらず、ロット単位の実績を把握できない		●		ヒアリング
…	…	…	…	…	…	…

　分類の視点には、他にも「顧客満足度」「内部統制」「IFRS（国際会計基準）への準拠」などがあります。

◉ 主要な問題点を特定する

　問題点を分類し、全体的な傾向を把握した後は、その中から「**主要な問題点**」を特定します。

　収集した問題点の中には、システム画面の些細な変更要望から、利益管理方法のような会社全体のルールに及ぶ問題点など、大小さまざまなものが存在します。集まったすべての問題点を解決しようとすると、適切なシステムが見つからなかったり、膨大な費用がかかったりするので、今回のシステム導入で優先して解決すべき問題点を特定する必要があります。

　ただし、前節（P.058参照）の記載の通り、声が大きい従業員の問題点が主要な問題点とは限らず、**作業時間などを基に定量的に判断**することが重要です。

● 問題点を集約する

問題点の分類と主要な問題点の特定が終わったら、関連のある問題点を集約します。これを行うことにより、自社で生じている問題は「**一言で言えば何か**」、つまり本質的な問題点は何かが明確になってきます。

■ 問題点の集約の例

問題点
親会社からFAXで届いた見積り依頼書を見ながら、見積りシステムへ手入力しているため手間がかかっている
紙ベースで管理している伝票が多いため、不要となった発注書の破棄が大量に発生している
外出先や自宅で見積りが作成できないため、残業や休日出社しなければならない

集約 → 営業部門の残業が多すぎる

なお、もし問題点の分類や集約、分析が難しく、思うように進まない場合は、最低限、集めた問題点の中から自身で主要と感じるものを5〜10個ピックアップするようにしましょう。

まとめ

▶ **現状把握で確認した問題点は、漏れなく正確に収集する**

▶ **問題点を集めたら、主要な問題点を特定する。その際、「声の大きさ」に惑わされないように気をつける。できる限り、作業時間などで定量的に判断する**

▶ **システム導入で解決したい問題点を「一言」で言えるようにする**

13 問題の原因を突き止める

主要な問題点を特定した後は、続いて対策を検討したくなります。ですが、対策が問題の原因を解消するものになっていないと、問題が再発する可能性があります。そのため、対策を検討する前に、問題の原因を突き止めることが重要です。

●「なぜなぜ分析」で問題の原因を明らかにする

　システム導入で解決したい「主要な問題点」が明らかになった後は、**その問題が生じる原因を突き止めます**。原因が明らかな場合は深く考える必要はありませんが、企業で数年解決できなかったような問題は、構造が複雑なケースが多くなります。そのため、原因を突き止める作業が必要です。

　問題の原因を突き止める方法として、少々難易度は高いですが、一般に「**なぜなぜ分析**」と呼ばれる手法があります。これは、「なぜ」を繰り返しながら本質的な原因を明らかにする方法です。

■ なぜなぜ分析の例

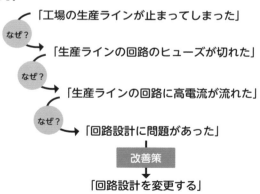

　「なぜなぜ分析」は、トヨタ自動車における分析の事例として取り上げられたことで有名な手法ですが、実際にやってみるとなかなか難しいものです。そこで、成功のポイントを3点紹介します。

● Point1：「なぜ？」を5回繰り返す

問題が発生すると、多くの人はすぐ対策に走ってしまいがちです。ただ、大抵の場合は、問題を曖昧に把握したまま曖昧な対策をしてしまうため、その場しのぎになってしまい、問題が再発してしまいます。再発を防ぐためには、原因の原因を探り、さらに原因の原因の原因……というように、「なぜ？」を5回繰り返すことで問題の原因を追求していく必要があります。

なお、「5」という回数は、それぐらい問題を深掘りしてみようという例えであって、数字自体に特別な意味はありません。なぜなぜ分析の目的は、**問題から真の原因を突き止め、再発防止策を導き出す**ことです。見つけ出すべきは、それに対処すれば問題が発生しなくなる「本当の原因（真因）」です。そこにたどり着くまで、なぜを繰り返します。

● Point2：MECE（ミッシー）で分析する

2つ目のポイントは、**MECE**という考え方で問題を分析することです。MECEとは次の略語で、「漏れなく、ダブりなく」という意味です。

- **Mutually ＝要素が互いに**
- **Exclusive ＝重複がなく**
- **Collectively ＝集めると**
- **Exhaustive ＝全体を尽くす**

分析の際に漏れや重複があると、原因の要素を見逃し、問題が再発してしまう可能性があります。そのため、上記要素を留意しながら分析していくことが必要です。

● Point3：事実に基づいて「なぜ？」を掘り下げる

3つ目のポイントは、**事実に基づいて掘り下げていくこと**です。原因を掘り下げる際に、想像や仮説で掘り下げると真の原因にたどり着けなくなる可能性

があるので、**業務調査票やヒアリングで確認した事実に基づいて、掘り下げる必要があります**。もし、事前の確認に不足があり、事実関係が不明確な場合は、追加でヒアリングして確認します。

　「なぜなぜ分析」は、次の例のような形で問題点から原因を追求していきます。なぜを繰り返していくので、このように大きな図になることが多いです。

■「なぜなぜ分析」の例

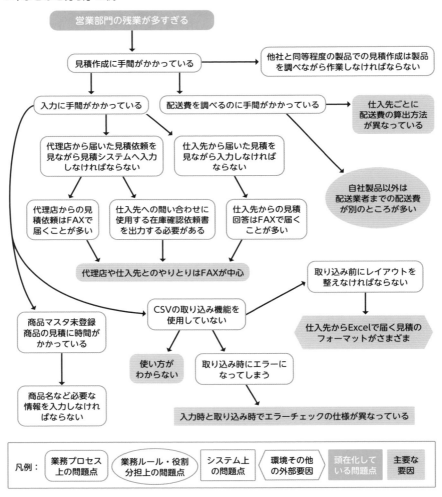

● 問題点の分析で最低限実施すべきこと

　前節と本節で説明した、問題点の集約方法や「なぜなぜ分析」は、1人で実施するには難しいと感じたかもしれません。これらは、可能であれば実施したほうがよいですが、実施しないとシステム発注ができないわけではありません。もし難しい場合、次の図のように最低限5〜10個ピックアップした主要な問題点とその原因、対策の方向性の関連を示せれば問題ないでしょう。

■ 問題点と原因および改善の方向性の関連を示す

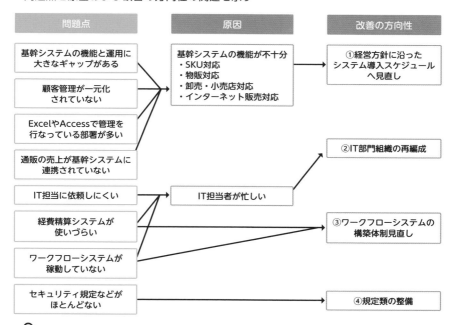

まとめ

▶ 問題を抽出した後は、その原因を突き止める

▶ 「なぜなぜ分析」で問題の真の原因を突き止める

▶ 「なぜなぜ分析」は、「事実に基づき」、「漏れなく、ダブりなく（MECE）」、「なぜ？を5回繰り返す」

14 将来像を可視化する

現状業務や問題点を把握した後は、業務の将来像を可視化していきます。ここでは、なぜ将来像を可視化する必要があるのか、またその際に気をつけるべきポイントは何かについて解説していきます。

● 「To Beモデル」で将来像を可視化する

　自社の中で、システム導入後の将来像が理解されていない・共有されていない場合は、大抵その将来像は実現しません。経営層を中心に、関係者で考えを理解・共有する場が重要です。

　そこで**To Beモデル**が必要になります。このTo Beは「あるべき」と訳されるので、To Beモデルは「あるべき姿」、つまり自社が努力し目指していく将来像を可視化したものという意味になります。

　To Beモデルを作成するには、2種類のアプローチがあります。1つが「**理想の業務を描く**」、もう1つが「**現状の問題を解決する業務を描く**」です。

● 理想の業務を描く

　このアプローチでは、**現状にとらわれず理想を追い求めます**。「すべて自社の思い通りになったとしたらどうあるべきか？」をゼロベースで考えて導き出します。ワークショップや合宿などで関係者が集合し、議論を集中的に行うと、効果的に実施できます。

　新規事業などで現行業務がない場合や、現行業務に拘らず自由な発想でアイデア出しをする場合は、このアプローチで行います。

■ 現状にとらわれずにあるべき形を考える

◎ 現状の問題を解決する業務を描く

「理想の業務を描く」というアプローチは、ゼロベースでいきなり To Be モデルを考える方法です。ただ、「理想の業務を今まで考えたことがなく、どのように描けばよいかわからない」「なんとなく浮かんでいるがうまく表現できない」などのように行き詰まってしまうことも多々あります。To Be モデルの作成は、何のきっかけもなければ、なかなか思い浮かばないため、実際は難易度が高い作業です。

そこで、現状把握（P.054 参照）や問題点の分析（P.060 参照）、問題の原因の特定（P.064 参照）をベースに、理想の状態を考えるという方法があります。それがもう1つのアプローチ「現状の問題を解決する業務を描く」です。

このアプローチでは、**ゼロベースで考える必要はありません**。問題とその原因を把握できているので、それをきっかけにして解決のための施策を検討し、理想が実現した状態を描いていきます。

■ 現状把握をベースに To Be モデルを考える

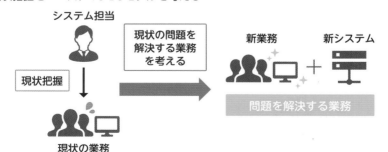

2種類のアプローチは、片方のみ、もしくは両方組み合わせる場合もあります。対象業務や自社にとってどちらが取り組みやすいかを考えて選択します。

■To Beモデル作成の2つのアプローチの比較

	理想の業務を描く	現状の問題を解決する業務を描く
概要	ワークショップで関係者と集中的に議論し、理想を追い求める	現状の問題の根本原因を解決した状態を描く
メリット	現状にとらわれない発想ができる	問題の解消に向かう 取り組みやすい 納得感が得やすい
デメリット	ゼロベースではじめるので、難易度が高い	大胆な発想につながりにくい
適合する ケース	新規事業などで現行業務がない	現行業務があり、多くの問題を抱えている

● どちらのアプローチでもコンセプトの作成は必須

To Beモデルを作成する2種類のアプローチを紹介しましたが、まずはTo Beモデルの基本的な考え方を、社内で共有するための**コンセプト**を作成する必要があります。これは、どちらのアプローチでも同じです。コンセプトは次のような分類でまとめるとスムーズに作れます。なお、この分類は一例であり、適切な分類はシステムの導入目的次第で変わります。また、数は多すぎず3〜4項目にすると、社内で共有する際に理解してもらいやすくなります。

- **作業手順や方法などの手続き上の改善コンセプト**
- **制度・ルールほか組織間での役割分担による改善コンセプト**
- **IT基盤の改善コンセプト**

例えば、「作業手順や方法などの手続き上の改善コンセプト」の例としては、「ワークフローシステムによりすべての申請業務を実現する。また、集計データや帳票を必要な人が、必要なときに、必要な場所で出力できる仕組みを構築することで、ペーパー出力を大幅に削減する。これらにより、無駄な業務や経費を削減する」といったコンセプトが挙げられます。

● To Beモデルを作成する流れ

作成したコンセプトに沿ってTo Beモデル（またはそれを実現するための施策）を作成していきます。詳しくは次節で解説します。

本節で説明した2つのアプローチからTo Beモデル作成までの流れは、次のようになります。

■ To Beモデルを作成するフロー

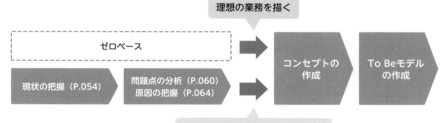

なお、To Beモデルは自社の経営方針と合致していないと、経営層から「せっかくシステムを導入しても経営層から投資効果が感じられない」という評価を受ける可能性があります。そのため、To Beモデルは経営層と共有・議論・合意することが重要です。もちろん、ベンダーに委託するのではなく、**自社が主体となり取り組む**必要があります。

まとめ

- ▣ 将来像の可視化、つまりTo Beモデルを作成することにより、自社内での認識を統一でき、将来像が実現しやすくなる
- ▣ 現状把握から抽出した問題の根本原因にたどり着くことで、理想の状態が見えてくる
- ▣ To Beモデルは、自社の経営方針と合致させる

15 To Be モデルを実現する 施策を漏れなく抽出する

To Be モデルを実現する施策は、検討漏れや選択ミスがないようにする必要があります。そのため、まずは多く挙げ、その後効果的なものを絞り込んでいくという方針で進めると効果的です。ここでは、その方法について詳しく説明していきます。

● 施策は複数出してからワークショップで選択する

　To Be モデル、またはそれを実現するための施策を考える際は、最適な選択肢を逃してしまわないように、可能であれば考えられる限りの施策案を出しましょう。その後、それぞれの施策のメリット／デメリットを比較し、絞り込んでいきます。この作業は関係者で集まり、ワークショップ形式で行います。

　このとき、アイデアを出していく方法として、ワークショップ開始後にブレーンストーミング（参加者でたくさんのアイデアを自由に出す手法）で施策のアイデア出しを行い、その場で絞り込むという手法があります。しかし、この手法ではアイデア出しやメリット／デメリットの整理に時間を要するため、時間内にまとまらないという可能性があります。

　それを防ぐには、**システム企画担当者があらかじめアイデア出しとメリット／デメリットの整理・ドキュメント化を行います**。そして、それをたたき台に意見交換すると効率的に進めることができます。

■ 施策の検討

システム担当

事前準備
・アイデア出し
・メリット／デメリットを整理

関係者が集まる
ワークショップ形式で
施策を検討

施策は、次の例のような形で挙げていきます。以下は、注文データをシステムに入力する業務に関して、考えられる施策の例です。

■ 施策の検討例

施策	メリット	デメリット
①FAX受信後、複合機により自動でPDF化し、PDFを見ながら手配入力する	無駄な紙出力が不要	システム入力は従来通り、PDFを見ながら転記しなければならない
②FAX受信後、OCR読み取りし、構造化データを生成後、RPAで手配入力に活用する	データ化の手間が削減される	OCRやRPAのシステムが必要
③取引先からメールでExcelまたはCSV形式で受領し、RPAで手配入力に活用する	データ化の手間が削減される	・取引先との交渉が必要 ・RPAのシステムが必要
④取引先に自社のWebシステムへ注文入力をしてもらう（その後、手配結果の共有、精算もWebシステム上で共有する）	すべてWeb上で完結できる	・取引先との交渉が必要 ・Webシステム導入、予約システムと基幹システムの改修が必要

■ 施策のイメージ図

①FAX受信後、複合機により
自動でPDF化し、PDFを
見ながら手配入力する

②FAX受信後、OCR読み取り
し、構造化データを生成後、
RPAで手配入力に活用する

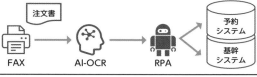

③取引先からメールでExcel
またはCSV形式で受領し、
RPAで手配入力に活用する

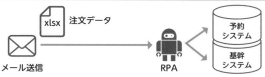

④取引先に自社のWebシステムへ
注文入力をしてもらう
（その後、手配結果の共有、精算
もWebシステム上で共有する）

施策の検討漏れがないかマトリクスで確認する

検討した施策が現状の問題点を解決できるかどうか、**マトリクス**を用いて改めて確認します。次のように、マトリクスの縦軸に施策、横軸に問題の根本原因を取ることで、施策に漏れがないかを確認できます。

■ 問題の原因vs施策のマトリクスのサンプル

施策 \ 問題点の根本原因	代理店や仕入先とのやりとりはFAXが中心	仕入先からExcelで届く見積りのフォーマットがさまざま	仕入先ごとに配送費の算出方法が異なっている	グループ製品以外は配送業者までの配送費が別のところが多い	一般従業員はリモートでの作業環境が整っていない	見積りシステムと発注システムの連携が不十分	工事の現場立会いが義務づけられていない	外注時の取引規定が定められていない	配送業者での検品情報と照合していない	企業規模が小さかったためこれまでは必要なかった	引合い案件から売上まで一元管理できるデータベースがない
① 見積依頼～発注業務の親会社を含む取引先とのWeb化	✔	✔			✔						
② 部門損益の実施										✔	
③ 納品報告を徹底させる									✔		
④ 工事物件の受領書を必ず受取る							✔				
⑤ 配送業者までの配送費は仕入値に含めて管理する			✔	✔							
⑥ 案件管理から決算までを一元化できるERPシステムの導入						✔		✔			✔
⑦ …		✔									

挙げた施策がすべての問題をカバーできない場合は、新たな施策を検討します。特に、既存のアプローチでは解決できない課題に対して、新たなアイデアを出すことが必要です。なお、**すべての問題点を一度に解決する必要はありません**。問題の重要度と影響範囲に基づき、優先順位をつけて重要な問題から対処していくことで、効果的な対応が可能です。

施策の優先順位づけ

挙げた施策が多すぎて、「どれが重要かわからない」「どれから取りかかるべきかわからない」となった場合は、**評価軸で整理**して優先順位づけを行います。

実行に移す施策を絞り込むことで、効果的な施策の実施を図ります。

　優先すべき施策を先に実行することで、問題解決に集中しやすくなります。ただし、**優先順位が低い施策については無視するのではなく、将来的な実施の可能性を残す**ことが重要です。また、後に実行する施策については状況が変わることがあるため、定期的に再評価を行い、適宜優先順位を見直しましょう。

　優先順位づけを通じて効果的な施策の実施を目指し、着実に問題解決に取り組みましょう。状況に応じて柔軟なアプローチを取ることで、よりよい結果が得られます。

　次の図は、効果と実現スピードの評価軸で優先順位を検討している例です。

■ 効果vs実現スピードの評価軸で優先順位づけをした例

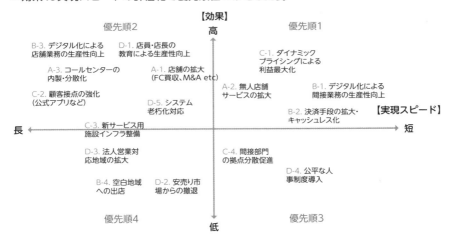

【効果】

優先順2　　　　　　　　　　　　　　　高　　　　　　　優先順1

B-3. デジタル化による店舗業務の生産性向上　　D-1. 店員・店長の教育による生産性向上　　　　C-1. ダイナミックプライシングによる利益最大化

A-3. コールセンターの内製・分散化　　A-1. 店舗の拡大（FC買収、M&A etc）

C-2. 顧客接点の強化（公式アプリなど）　　　A-2. 無人店舗サービスの拡大　　　B-1. デジタル化による間接業務の生産性向上

D-5. システム老朽化対応　　B-2. 決済手段の拡大・キャッシュレス化　　【実現スピード】

長　←　C-3. 新サービス用施設インフラ整備　　　　　　　　　　→ 短

D-3. 法人営業対応地域の拡大　　C-4. 間接部門の拠点分散促進

B-4. 空白地域への出店　　D-2. 安売り市場からの撤退　　D-4. 公平な人事制度導入

優先順4　　　　　　　　　　　　　低　　　　　　　優先順3

✏️ **まとめ**

▸ 施策は複数案を抽出し、メリット／デメリットを整理した上で決定する

▸ マトリクスで問題の原因と施策の関連を整理し、抜け漏れがないようにする

▸ 挙がった施策は、「効果」「実現スピード」などの評価軸で優先順位づけをする

16 To Be モデルのない パッケージ導入は失敗する

システムがパッケージ導入となる場合、各製品の機能に業務を合わせるため、業務が自然と標準化されるように考えられがちです。しかし、実際は業務がほとんど変わらないケースが少なくありません。なぜこのような状況に陥るのでしょうか。

● To Be モデルがないと現行業務に引きずられてしまう

　パッケージ導入（P.017参照）の場合、ベンダーは「当社のパッケージシステムは、各業界を代表する企業の業務プロセスをベストプラクティスとして取り入れているので、貴社の業務をシステムに合わせれば自然と業務の標準化が実現でき、業務革新につながります」と提案してくるケースが多くあります。しかし、現実にはこのようにうまくいくケースはほとんどありません。

　現場の従業員は現状の業務のやり方に慣れており、そのやり方しか知りません。そのような従業員に新しいパッケージのシステムを見せても、「うちにはこの項目が必要である」「こういう処理をするためにこの機能が必要」などと、**要件がどんどん現状の業務水準に引きずられていきます**。現状の業務に合わせるため、パッケージのアドオン（追加機能）開発が行われるのですが、結果として、高額なアドオン費用をかけて現状と変わらない業務の形になってしまう、という状況に陥ります。

■ 現状に合わせてアドオンを開発する

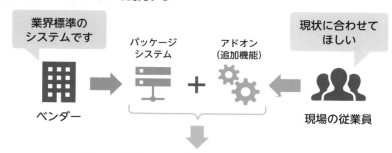

業界標準の
システムです

パッケージ
システム

アドオン
（追加機能）

現状に合わせて
ほしい

ベンダー

現場の従業員

パッケージシステムが現行業務に引きずられ、
現状と変わらない業務の形になってしまう

かといって、アドオンを禁止すればよいかというと、話はそう簡単ではありません。中小企業では、取引先の要望を満たすための機能の重要性が高いため、現状業務が実現できないことによってビジネスへ損害が生じかねません。また、業界のベストプラクティスといっても、自社にとって正しく最適なものとは限らず、**自社の競争優位性、他社との差別化を損ねる可能性**があります。

■ To Be モデルを作成しなかった場合のイメージ

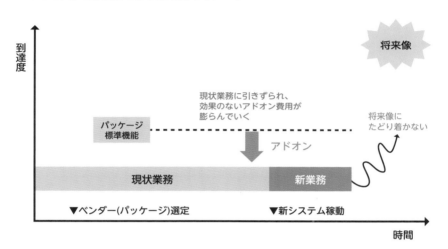

● To Be モデルを現場の従業員に理解してもらう

現状の業務水準に引きずられないようにするには、前々節、前節で検討した**To Be モデル（または、それを実現するための施策）が必要**になります。To Be モデルは自社が目指す将来像を可視化したものです。これをシステム導入前に現場の従業員に理解してもらい、パッケージが現状業務に引きずられてしまうことを防ぎます。

To Be モデルはイメージしやすいように、具体的に**業務フローのような形にします**（業務フローの作成方法はP.104参照）。パッケージは、限りなく To Be モデルの要件を満たすものを選定し、開発するアドオンも To Be モデルに近づくものを対象にします。

■ To Be モデルを作成した場合のイメージ

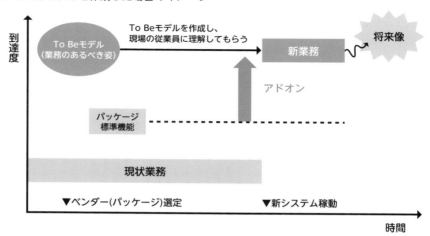

● 現実的なレベル（Can Be モデル）とは

　To Be モデルは、目指すべき将来像ではありますが、実際のパッケージシステムを前提としたものではなく、理想形であり「絵に描いた餅」です。システムを限りなく To Be モデルに近づけようとして、膨大なカスタマイズ費用がかかってしまっては意味がありません。そこで前節で実施した施策の優先順位づけを考慮しながらカスタマイズ対象を取捨選択し、現実的なカスタマイズの落としどころ（現実的解）を見つけます。この現実的なレベルを「**Can Be モデル**」と言います。

　なお、最近では、RPA（定型的な作業を自動化するソフトウェア）やローコード、ノーコード開発ツールといった、比較的安価に独自開発が行える手段があります。パッケージにはない独自機能を組み込む際には、アドオンだけでなく、パッケージ外でそのような手段を活用することも有効な手段となりえます。

■ Can Be モデルのイメージ

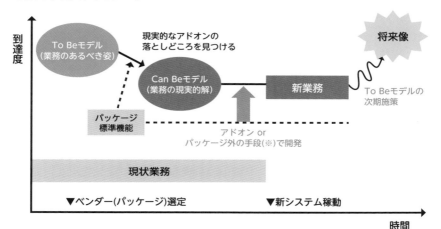

このようにして、現状の業務は将来像に近づき、現実的な費用でパッケージを導入することができます。

本節ではパッケージのケースを解説しましたが、スクラッチ開発でもTo Beモデルの作成は非常に重要です。パッケージのように既存のシステムに合わせる手順がないため、現状の業務に引きずられる可能性はより高まります。どちらの場合でも、To Beモデルのような明確な方向性が必要です。

まとめ

▷ 現場の従業員は現状の業務のやり方しか知らないため、システムの機能が現状の業務水準に引きずられ、効果のないアドオンが増えていく

▷ To Beモデルを現場の従業員に理解してもらい、アドオンはそれに近づくものを対象にする

▷ To Beモデルは理想形なので、ベンダー選定後に現実的なレベル（Can Beモデル）を探る

17 | RFIでシステム市場を把握する

システム導入後の将来像を描いた後は、技術的な実現可能性と概算費用を把握します。そのためには市場に存在するシステムと関連費用の把握をする必要があります。その際に必要になってくるのがRFIです。

● RFIで市場のシステムと費用を把握する

　自社の将来像がシステムで本当に実現できるのか、技術上の課題はないか、費用は予算内に収まるかなどについて、自社で判断することは簡単ではありません。システム導入は物品購入とは異なり、簡単に機能や費用を把握することができないためです。このような場合に行われるのがベンダーへの情報提供依頼です。その依頼書を **RFI（Request for Information：情報提供依頼書）** と言います。

　RFIで自社の将来像の概要をベンダーに示し、**システムが技術的に構築できるのか、要件を満たすのか、そしてその構築期間や費用概算など、情報の提供を幅広く依頼**します。

■ RFIを発行して情報を提供してもらう

- ・システムが技術的に構築できるのか
- ・求める要件をシステムが満たすのか
- ・システムの構築期間
- ・システム構築費用の概算
- などの情報

公開されていない情報をRFIで入手する

RFIを発行することによって、**一般に公開されているWebサイトやパンフレットには記載されていない技術情報や製品情報**などを得ることができ、自社が必要とするシステムの分野の市場を把握できます。

システムに関する情報は、インターネット検索である程度の情報は入手できますが、費用などなかなか入手できない情報があります。SaaS型サービス（P.155参照）の場合は、基本利用料などがWebサイトで掲載されることが増えています。ですが、開発を伴うシステムとなると事情は異なります。**カスタマイズを含む開発費、導入費、オプションなどを含めた概算費用**を入手しようとすると、インターネット検索だけでは十分に把握できません。そのため、RFIを発行してベンダーから情報を得る必要があります。

■ ベンダーから得られる情報

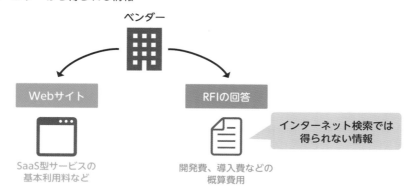

RFI活用のメリット

RFIによる情報収集には、次のようなメリットがあります。

- **システムの形態がパッケージ・SaaSでよいのか、もしくは個別開発が必要なのかを判断する材料を入手できる**
- 複数ベンダーから概算費用を提示してもらうことで、**外注の準備段階である程度現実的な予算感を把握できる**

- 予算感をすでに持っている場合、予算が大幅オーバーとなる製品カテゴリーを検討対象から除外できる（例：予算感が3000万円の場合、1億円が相場の製品は予算オーバーのため、比較選定作業の対象から外すことができる）
- ベンダーが提供する製品情報を収集しながら、有望なベンダーがいないかを検討できる（依頼書への回答がベンダーの力量を測る材料にもなる）
- 情報提供依頼とあわせて提案可否を確認することにより、提案依頼対象の候補を見つけられる

■ RFIを活用することで得られるメリット

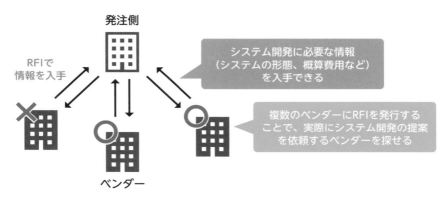

◉ RFIとRFPの違いを理解する

　RFIと似たドキュメントに、ここまででも何度か登場した**RFP（Request for Proposal：提案依頼書）**があります。RFPは、ベンダーに対してシステムの提案依頼をする際に作成するドキュメントです。詳細はP.120で解説しますが、**誤用や混同をしないように、違いを理解しておく**ことが重要です。

　RFIとRFPの主な違いは次の通りです。

■ RFIとRFPの違い

	RFI	RFP
目的	情報収集	提案受付
内容	サービス概要や提案可能範囲の情報提供依頼	具体的な課題の内容と解決へ向けた提案依頼
役割	ベンダー選定の事前審査	ベンダー選定の審査
依頼書の作成工数	少ない	多い
作成時期	予算取りや計画の実現性を確認する段階	システム開発や導入を行う段階
送付先の目安 ※業界や案件により異なる	5〜15社	3〜6社（RFIの回答があったベンダーから絞り込み）
作成者	自社	自社
回答者	ベンダー	ベンダー
回答内容	製品やサービスの情報、自社の事業内容や実績など	システムの設計案、見積もり、納期、保守サポートなど

まとめ

▷ **システムを外注する前に、システム市場を調査し、実現可能性を把握する**

▷ **システム製品や費用感を具体的に把握するために、情報提供依頼書（RFI）をとりまとめ、ベンダーに発行し情報を入手する**

▷ **RFIとRFPの違いを理解する（RFIは費用感や実現性を確認するための情報収集をするものであり、RFPは具体的な要求に基づいて提案を依頼するもの）**

18 依頼内容をとりまとめる（RFIの作成・発行）

RFIを作成するときは、欲しい情報を簡潔にまとめ、細かすぎる記載は控えるようにすることが重要です。本節では、RFIに記載すべき項目や内容について解説していきます。

● RFIによる情報収集の進め方

RFIによる情報収集は、次のような手順で進めます。

■ 手順の全体像

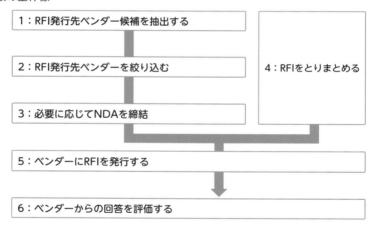

```
1：RFI発行先ベンダー候補を抽出する
2：RFI発行先ベンダーを絞り込む          4：RFIをとりまとめる
3：必要に応じてNDAを締結
5：ベンダーにRFIを発行する
6：ベンダーからの回答を評価する
```

● 手順1：RFI発行先ベンダー候補を抽出する

情報提供依頼先となるベンダーの候補は、次のような手段で抽出します。

- 取引実績のあるベンダー（例：複合機メーカーはIT製品の代理店であるケースが多いため、紹介してもらえる可能性がある）
- 同業他社からの評判がよいベンダー

- インターネット検索（検索エンジンを利用して関連するキーワードで検索。例えば、自社の業種や要件に関連するキーワードやフレーズで検索）
- 複数企業が出展するIT展示会での情報収集

● 手順2：RFI発行先ベンダー候補を絞り込む

一般的には、手順1の方法で候補を数社〜10数社程度挙げ、RFIを発行します。

依頼する企業が極端に少ないと、十分な情報を集められません。しかし、**依頼する企業が多すぎると、各社とのやりとりや比較・評価の作業負荷が大きくなります。**

そのため、手順1で挙げた候補ベンダーが多い場合は、導入実績やパンフレットで判断できる機能・費用などを考慮して、対象を絞り込みます。類似した製品カテゴリー・企業規模は対象から外し、選択肢のバリエーションを豊かにするといった観点での絞り込みも有効です。

■ ベンダーの絞り込みのイメージ

候補ベンダー	A社	B社	C社	…
企業規模	売上：100億円 従業員数：100名 設立：2015年	売上：80億円 従業員数：80名 設立：2012年	売上：1,000億円 従業員数：1,000名 設立：1990年	…
特徴	中小企業への 導入実績が多い	中小企業への 導入実績が多い	柔軟なカスタ マイズが可能	…
費用	100万円〜	130万円〜	500万円〜	…
導入期間	6カ月	6カ月	8〜12カ月	…
システム形態	クラウド	クラウド	クラウド or オンプレ	…
…	…	…	…	…

A社とB社は、提供システムの種類や企業規模が似ているので、RFIの発行はどちらか一方にしよう

◎ 手順3：必要に応じてNDAを締結

　自社が提供する情報やベンダーから提供される情報が秘密情報にあたる場合もあるため、必要に応じて**NDA（秘密保持契約）**を締結します。NDAとは、情報の機密性を保護し、漏えいを防ぐための契約です。秘密保持の範囲、情報の利用目的、秘密情報の取り扱い方法、契約の有効期間などが含まれます。通常、情報提供依頼段階でNDAをベンダーと締結することは多くはありませんが、次のようなケースではNDAを締結します。

- **RFIに自社の秘密情報を含める**
- **ベンダーから締結を求められる（ベンダーの提供情報が秘密情報にあたる）**

■ RFI発行時にNDAを締結する

　「第三者への開示は防ぎたいがNDAを締結するほどの重要性はない」といった場合には、RFIに「第三者へ開示しないこと」を明記する方法もあります。ただし、NDAと次のような違いがあるため、情報に応じて判断しましょう。

- **記載事項が詳細でなく、内容が曖昧である**
- **双方の押印をして契約を締結するわけではないので、万が一の際に効力が発揮できない可能性がある**

第三者へ開示しないことをRFIに記載する場合は、次のように明記します。

■ 第三者へ開示しないことを明記する際の記載例

本RFIに基づき知り得た弊社に関する情報及び得た情報により作成した情報はすべて秘密情報とし、次に該当する場合を除きこれを弊社の事前の承諾なくして第三者に開示しないようお願いいたします。
　①官公庁、裁判所または弁護士会等により法令に基づく開示請求があった場合
　②当該情報がすでに公知となった場合
　③貴社が弊社以外の第三者から適法に当該情報と同一の情報を入手した場合
　④貴社が当該情報に依拠することなく独自に当該情報を入手した場合

● 手順4：RFIをとりまとめる

　候補となるベンダーを絞り込むのと並行して、RFIのとりまとめも行います。RFI作成において重要なのは、ベンダーからの質問や誤解を避け、効率的に適切な情報を受領するため、自社が必要としている情報を明確にし、それを簡潔に文書化することです。また、**細かすぎる内容を記載することは控え、必要な情報だけを記載する**ようにします。

　具体的には、RFIに記載すべき項目や内容については、趣旨や目的、自社情報、ベンダーに記載してもらう項目として、企業および製品やサービスなどの基本情報などがあります。

■ RFIとその回答に記載される情報

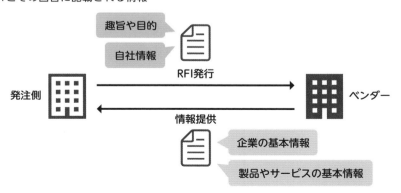

趣旨や目的については、RFIを作成した理由や目的（To Beモデルの実現手段の情報収集など）、その他にベンダーに情報提供を依頼するにあたって、必要な情報について詳しくRFIに記載することが重要です。

自社情報（売上高、従業員、事業内容など）については、ベンダーがRFIへの回答を作成する際に、提案内容や記載内容を決めるための参考資料となります。

ベンダーに記載してもらう企業の基本情報は、「社名」「所在地」「売上高」「従業員数」「事業内容」「グループ企業」「親会社」などの項目を取り入れます。

ベンダーに記載してもらう製品やサービスなどの基本情報は、「製品の特徴」「導入スケジュール・導入期間」「導入実績・事例」「費用（価格プラン）」「サポート体制」などの項目を取り入れます。他社と比較できるような情報について記載してもらう項目もRFIに取り入れることが重要です。

また、**RFIはベンダーと最初に接触する機会**です。ベンダーに自社のことを正確に把握してもらい、ベンダーから製品やサービスなどに関する情報を入手するという流れは、新しいビジネスパートナーの関係構築にも役立ちます。

● 手順5：ベンダーにRFIを発行する

各ベンダーにRFIを発行します。これまで付き合いがあるベンダーで営業担当者を知っている場合は、情報提供依頼の背景の概要を伝え、情報提供をしてもらえそうかを確認します。見込みがある場合は、RFIを発行し正式に依頼します。

これまで付き合いのないベンダーに対しては、ベンダーのホームページに案内されている代表電話番号に電話をするか、問い合わせフォームに入力し、情報提供の見込みを確認します。見込みがある場合は、営業担当者から連絡が来るので、RFIを発行し正式に依頼します。

RFIはどのような文書なのかをイメージするためにも、次ページでは、RFIの記述例も紹介しておきましょう。

■ RFIの記述例

情報提供依頼の目的

当業界においても最新技術の活用が求められていますが、長年使用されてきた既存のシステムは、そのような最新技術に対応することが困難な状況にあります。また、システムの老朽化や技術者の減少等も問題となっています。このような背景から新たなシステムの導入を検討しています。

検討を進めるに際して、貴社がお持ちのパッケージシステムに関する情報をご提供頂きたいと考えております。

1. 会社概要
- 会社名：○○株式会社
- 所在地：〒105-6132　東京都港区○○
- 設立：○○年○○月
- 資本金：1億円
- 売上高：250億円
- 従業員数：110人
- 主な事業内容：不動産の企画・開発・販売
- 関連会社：○○株式会社

2. システム導入の目的
- データー元化・ペーパーレス化による社内業務の効率化
- 取引先とのコミュニケーションの効率化

3. 情報提供依頼システムについて
- 対象機能
  受注管理、在庫管理、出荷管理、売上管理、顧客管理　（以下、省略）
- 想定利用規模
  拠点：東京本社、大阪支店
  想定端末数：PC:約100台、スマートフォン：約50台
- データボリューム
  顧客数：100社
  入金件数：約300件/月
  支払件数：約100件/月

4. 情報提供依頼事項
- 貴社システムの特徴
  貴社システムを利用するメリット・デメリット、他社システムとの違い、優れている機能等の情報提供をお願いします
- 導入実績・事例
  不動産業界に対する事例をご紹介可能な限り具体的な情報をお願いします
- サポート体制
  費用（価格プラン）
  ライセンス体系と参考価格について情報提供をお願いします
- 会社概要
  貴社の会社概要、貴社システムの担当SEについて情報提供をお願いします

5. 情報提供要領
- 様式：提案書はA4サイズ
- 提出期限：○○年○○月○○日、
- 提出先：○○部 ○○　（TEL：○○、MAIL：○○）
- 提出方法：Eメール、オンラインストレージサービス
- 質疑：質疑期限は○○年○○月○○日までとし、受付・回答は電子メールでお願いします。（※添付のフォームに記載してください。）

6. 注意事項
- 本情報提供依頼の実施に要する費用は、各社の負担とします。
- 本情報提供依頼書は、現在各事業者において保有している技術情報や価格等の情報を得るための手段であり、貴社からどのようなご提案をいただいても、それをもって将来の発注を約束するものではありません。
- ご提供いただいた情報・資料については、当組織関係者へコピー、配布させていただきますが、断りなく第三者への配布はいたしません。
- （機密情報について記載　[P.087の記載例参照]）
- ご提供いただいた情報・資料に関して、後日問合せやプレゼンテーションの依頼を行う場合があります。

なお、最後の手順である「ベンダーからの回答を評価する」は次節で解説します。

まとめ

▶ **情報提供依頼先は、数社〜10社程度に絞り込む**

▶ **RFIは欲しい情報を簡潔にし、細かすぎる記載は控える**

▶ **RFIは趣旨と自社情報、ベンダーに記載してもらうことを書く**

19 予算の上限を決める

RFI発行後、各ベンダーからの回答資料を基に資料の内容から費用感と実現可能性を把握します。この節では、回答を比較・評価して把握する方法と、自社のシステム導入予算の上限を決める際のポイントを解説します。

● 最後にベンダーからの回答を評価する

　ベンダーからRFIの回答を受領し、製品やサービスの情報を幅広く収集した後は、最後のステップとして**回答を比較・評価し、費用感と要件の実現可能性を把握**します。具体的には次のような手順で行います。

①**評価項目を決める：自社がベンダーやシステムに期待する項目を設定する**
②**評価項目の配点を決める：各項目の重みを考慮して点数を割り振る**
③**評価基準を決める：各項目に対して3段階や5段階などの基準を設ける**
④**評価を行う：項目や基準に沿って評価を実施する**
⑤**評価結果を比較する：ベンダー各社の定量化した評価結果を集計し、内容を協議する**

　評価項目は、選定対象にするシステムや自社の状況に応じて変える必要がありますが、一例として次のようなものがあります。

■ 評価項目の例

ベンダーの信頼性	ベンダーの会社規模、財務状況、導入実績などから信頼できる企業であるかを評価する
回答の妥当性	現状の課題や要望を理解し、適切な回答であるかを評価する
システムの対応分野の適合性	自社の業界や対象業務に対応できるかなどを評価する
導入・運用費用	見積り金額が想定を遥かに超える金額になっていないか、算出根拠は明確であるかなどを評価する

このように、評価項目を設定すると、ベンダー間の差異、強み・弱みを明確にでき、比較しやすくなります。

また、評価基準は段階別に点数をつけて評価するといったように、可能な限り**定量的に評価する**ことがポイントです。そうすれば、客観的な評価ができ、主観的な評価を避けることができます。

なお、**色や記号を使って直感的にわかりやすくする**ことも大切です。例えば、色は緑や赤など対立する色でポジティブ・ネガティブな部分を示します。

RFIの評価結果の例は、以下の通りです。

■ 評価結果の例

評価項目	評価基準	配点	A社		B社		···
			評価	評価点 (配点×評価)	評価	評価点 (配点×評価)	···
企業規模	3：大手 2：中堅 1：中小	5	2	10	1	5	···
導入実績	3：実績十分 2：実績普通 1：実績不足	10	3	30	2	20	···
RFIの理解	3：十分 2：普通 1：不十分	5	3	15	2	10	···
回答の差別化 ポイント	3：予想以上 2：妥当 1：不足	5	2	10	2	10	···
システム 範囲適合	3：適合 2：部分的に適合 1：不適合	10	2	20	3	30	···
費用 (10年間)	3：1億円未満 2：1億円〜2億円 1：2億円以上	20	1	20	2	40	···
···	···	···	···	···	···	···	···
評価点合計	···	···	···	150	···	170	···

● 予算の上限を決める

RFIの回答から費用感と実現可能性を把握した後は、システム導入の予算の上限を決めます。上限を決める際には、**システムの投資効果**の考慮が必要なケースがあります。

■ システム投資効果を考慮する必要があるケースとないケースの例

ケース	投資効果	対応
・生産性向上や効率改善のための導入 ・顧客満足度向上のための導入	考慮が必要	ベンダー各社から提示される費用のうち、効果に見合う金額を上限とする
・法的な要件や業界の規制に適合するための導入 ・ソフトウェアやハードウェアのサポート期限切れへの対応 ・既に市場で一般的に使用されているシステムの導入（会計システムやコミュニケーションツール）	考慮不要	基本的に費用の選択肢がなく、上限設定は不要

システムの投資効果とは、**システムを導入することで得られる業務の改善や効率化、売上の増加やコストの削減などのメリット**のことです。予算の上限を考える際は、システムの投資効果を予測し、それが投資した費用に見合うかどうか、つまり**費用対効果**で判断します。費用対効果が自社内で説明できれば、予算案が承認され、システム導入を進められます。

費用対効果を考えるには、システムの初期費用と利用期間（例：5年間）に要する利用料を合わせた費用と、システムが利用期間中で生み出す効果を比較して投資判断する方法があります。その際、導入リスクなどを含めて考慮する場合もあります。

また、投資効果から予算の上限を設定する以外に、**企業の売上から予算を決める方法**も一般的です。その場合、自社の売上の一定割合をシステム導入費用とします。例えば、売上の1%や5%などをあてるといった具体的な割合を設定します。割合を考える際は、JUAS（日本情報システム・ユーザー協会）の「企業IT動向調査報告書」（https://juas.or.jp/library/research_rpt/it_trend/）が目安として参考になります。

● KPIで投資効果を考える

　システムの投資効果が正確に金額換算できるのであればそれに越したことはありませんが、一般的には非常に困難です。そこで、システムの投資効果を考えるために、**KPI（Key Performance Indicators）** を使用する方法があります。

　KPIとは、掲げた目標に対してどのぐらい達成しているのか示す指標です。また、**KGI（Key Goal Indicators）** という指標もあり、これは売上増大や経常利益率向上など経営上の達成目標を示すものです。

　システムはあくまでもツールなので、システムを導入したからといって売上増や利益率の向上が直接期待できるものではありません。システムのビジネスへの影響は、利用方法や活用度合いに大きく左右され、同時に競合他社や市場の動向によっては売上や利益の増加が難しい状況も考えられるためです。そのため、システムの投資効果の指標には、売上などのKGIではなく、KPIを使用します。

　KPIは、一般的には「To Beモデルにおける達成目標」とし、「財務」「市場・顧客」「ビジネスプロセス」「学習と成長」の4つの視点で設定します。これらの視点は、**BSC（バランス・スコアカード）** と呼ばれる分析手法です。

■ システム導入における具体的なKPIの例

視点	KPI	KGI
財務の視点	在庫回転率↑ 売上高利益率↑	キャッシュフロー↑
市場・顧客の視点	誤納品率↓ 納期の即時回答率↑	顧客別粗利対前年比↑
ビジネスプロセスの視点	欠品率↓ 受注〜納品リードタイム↓	顧客別売上高対前年比↑
学習と成長の視点	残業時間↓ 一人あたりピッキング件数↑	人件費率↓

　その後、それぞれの指標について「10%UP」「2時間短縮」などの具体的な数値目標を立てて、投資効果とします。数値目標は、RFIの回答結果を参考に、To Beモデル作成時点では不明だった実現可否を確認し、具体的に設定します。

また、業務調査票に記載されている業務時間（P.054参照）なども参考にして設定します。例えば、To Beモデルで作業時間の半減が見込まれる業務があった場合、現状の業務時間の記載から、「300時間／月×0.5＝150時間／月」といったように削減時間を設定します。

　なお、KPIはシステム導入前に設定して終わりというわけではありません。システム導入後は、定期的に各指標のモニタリングを行い、必要に応じて改善をしながら、目標達成を目指します。

● 予算の検討で最低限実施すること

　この段階でシステム投資効果を考慮できると、To Beモデルの妥当性確認や経営層への中間報告ができるため理想的です。しかし、まだ具体的な運用をイメージできる段階ではないため、実際には難易度が高い作業です。

　もし、難しいようであれば、最低限、**各社の見積から大体の費用を把握し、関係者間で認識共有**を行えば問題ありません。RFP発行後に正式な提案書を受領し、社内で発注の決裁が必要になった際には、この節で解説したような方法で投資効果と予算を経営層へ説明できるようにします。

まとめ

- ▶ **システムの費用感と要件の実現可能性は、評価項目を設定し比較・評価し把握する**
- ▶ **比較・評価は、客観的な評価をするために、可能な限り定量的に評価する**
- ▶ **システム費用の上限を決めるには、システムの投資効果を考慮する**

◆ 電子書籍・雑誌を 読んでみよう!

| 技術評論社　GDP | | 検索 |

で検索、もしくは左のQRコード・下の
URLからアクセスできます。

https://gihyo.jp/dp

1 アカウントを登録後、ログインします。
【外部サービス(Google、Facebook、Yahoo!JAPAN)
でもログイン可能】

2 ラインナップは入門書から専門書、
趣味書まで3,500点以上!

3 購入したい書籍を 🛒 カート に入れます。

4 お支払いは「**PayPal**」にて決済します。

5 さあ、電子書籍の
読書スタートです!

電脳会議

紙面版

新規送付の
お申し込みは…

電脳会議事務局　　　　検 索

で検索、もしくは以下の QR コード・URL から
登録をお願いします。

https://gihyo.jp/site/inquiry/dennou

**一切
無料！**

「電脳会議」紙面版の送付は送料含め費用は
一切無料です。
登録時の個人情報の取扱については、株式
会社技術評論社のプライバシーポリシーに準
じます。

技術評論社のプライバシーポリシー
はこちらを検索。

https://gihyo.jp/site/policy/

技術評論社　　電脳会議事務局
〒162-0846　東京都新宿区市谷左内町21-13

3章

システムの要求定義

システム外注の流れにおいて、2番目の工程は「要求定義」です。ベンダーに想定通りのシステムを作ってもらうための重要な工程なので、どういった内容を定義する必要があるのかをしっかり学んでいきましょう。

20 システムの要求を可視化する

企画したシステムをベンダーへと発注するには何が必要でしょうか？　どうすれば、発注側の意図や要望を効率よく適切にベンダーに伝えられるでしょうか？　正確な伝達のためには、口頭の連絡ではなく、文面などの可視化された資料が必要です。

● システムをベンダーへ発注するために必要なもの

　2章で実施した企画により、「自社が欲しいシステム」が明確になったら、早速ベンダーに発注したいところです。ですが、適切なベンダーを見つけるためには、システム化の対象となる業務やシステムへの要求機能を正確に伝える必要があります。

　このとき、口頭だけで要求を伝えようとしても、絶対に伝わりません。ベンダーの認識誤りや勘違いが発生し、「自社が欲しいシステム」ではないシステムが提案され、ベンダーの選定にも時間がかかってしまいます。そのため、自社の要求は必ず文面で伝えなければなりません。そこで必要なのが、自社の要求を文面などの資料に定義して可視化する**要求定義**です。

　「自社が欲しいシステム」を文面で表現するには、最低限「**To Be業務フロー**」「**要求機能**」「**非機能要件**」の3つを可視化していくことが必要です。これらは、順番に作成していきます。

■ 要求定義で可視化するもの

要求定義

1：To Be業務フロー	2：要求機能	3：非機能要件
システム導入後の業務の流れを可視化したもの	システムに要求する機能の一覧	機能以外でシステムに要求する要素

● 可視化1：To Be業務フロー

To Be業務フローは、システム導入後の新しい業務の流れを可視化したものです。ベンダーが新しいシステムの全体像を把握するために、To Be業務フローを提示する必要があります。

To Be業務フローは2章で作成したTo Beモデル（P.068参照）を基に記載していきます。また、重要なフローは経営陣への説明のために利用することが多いため、詳細なフローではなくある程度抽象化した資料の作成も必要です。

現状把握（P.054参照）が十分でないときは、おおざっぱに記載してから現場へレビューを依頼して、精度を高める必要があります。レビューしてもらうと自社内からさまざまな意見が出てきますが、**まずは批判を恐れずにTo Be業務フローを作成してみましょう**。場合によっては、現場に作ってもらい、それをレビュー・修正しながら作成することも必要になります。

COLUMN　現状業務フロー

新しい業務を可視化したTo Be業務フローに対して、現状の業務を可視化したものを**現状業務フロー**と呼びます。

現状業務フローは、詳細に書こうとすると必要以上に手間がかかることがほとんどです。そのため、コストや時間に制限があるときには、新たに作成する必要はありません。ただし、新システムの導入の動機やキーポイントとなっているような現状の業務があれば、ある程度抽象化してフローを作成すべきです。

また、現状業務フローからTo Be業務フローを作成するのはあまりおすすめしません。現状業務フローに引っ張られてしまうため、小さな改善を各所にばらまく程度のTo Be業務フローになってしまいます。そうなると、全社として改善に向かうような、新システムへの要求の洗い出しができなくなります。そのため、To Be業務フローを作成する際は、現状業務フローからではなくTo Beモデルから作成するようにしましょう。

次の例は、顧客となっている企業からの受注に関するTo Be業務フローです。

■ 受注業務における To Be 業務フローの例

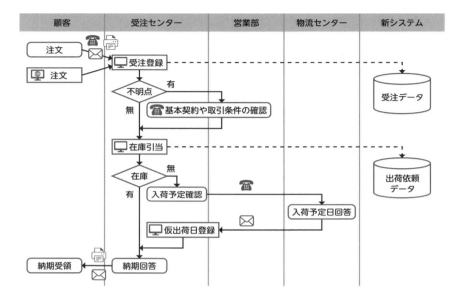

To Be業務フローを作成すると、**ベンダーとの認識のすれ違いを減らす**ことができます。ベンダーは、To Be業務フローを基にデータのフロー（発生・加工／修正・参照・削除）を考察し、自社が持っているパッケージで運用可能か、ギャップがどこにあるのかを探すことができます。To Be業務フローがうまく伝わっていれば、「ベンダー決定後に大きな認識のギャップが判明して、泣く泣くプロジェクトを中止しベンダーへ無駄なお金を支払うことになった」といった可能性は小さくなります。

● 可視化2：要求機能

To Be業務フローを作成すると、そこでは表現しきれない要求（「過去のデータを参照して新規データを作成したい」「ステータスの移り変わりを管理したい」など）が出てきます。これを**要求機能**として可視化します。実際には、**To**

Be業務フローに記載されている内容を基に、システムに要求する機能を一覧で作成します。

うまくベンダーへ要求が伝われば、ベンダーはこの要求ごとにコスト（カスタマイズやアドオン費用）を考えることができます。例えば、To Be業務フロー上の受注登録を例にして要求機能を記載すると、次の通りです。

■ 顧客の受注管理の要求機能一覧の例

主要機能	求められる要件
受注登録	新規受注が登録できること
	過去の受注データを参照、コピーし、必要なデータを修正して新規受注登録ができること
	仮受注登録ができること
	受注番号は、顧客コードを入れて発番すること（受注番号から顧客を判断する必要がある）
	受注データを訂正／取消ができること
	納品予定先が登録できること（納品予定先が複数になることもある）
	最終利用者を需要家として登録でき、新規の需要家が出てきた場合、受注登録を中断せずに、新規需要家登録ができること
	分納受注が1回の操作で可能なこと
在庫引当	在庫引当ができ、出庫予定倉庫が登録できること
受注データ取り込み	外部システムから受注データを取り込めること（WebEDIからの取り込みを想定）
	異常値があった場合には、エラーを表示させ、画面上で修正ができること
	取り込み終了時に、読込受注明細件数が表示されること
仮出荷日登録	在庫引当ができないときに、仮の出荷登録日を登録できること

● 可視化3：非機能要件

　To Be業務フローと要求機能で、システムが持つ機能への要求は可視化できますが、ベンダーに伝えなければいけない要求はそれだけではありません。もう1つ、伝える必要があるのが**非機能要件**です。これは、**システムの動作環境などといった、機能以外の要素のことを指します**。非機能要件には、例えば次のような項目があります。

- 使用者人数
- 稼動時間（24時間365日稼動なのか、「平日7:00～22:00」のような限られた時間の稼動なのかなど）
- SaaS形式のサービス（自社でサーバーの保守が不要）を要求するのか否か
- 想定利用データ量
- データ移行（既存システムから新システムへデータを移す作業。詳細はP.211参照）対象範囲

● 新システムの導入には業務改善を伴う

　To Be業務フロー、要求機能を作成してみると、業務の役割分担の変更やデータの取り扱い方も含め、大なり小なり具体的な業務改善・変更をしないと、新システムが稼動できないことを実感します。現状の業務は、現在稼動しているシステムに合わせて構築したものであるため、**新システムの検討には業務改善が伴うことが多いです**。

● 「今と同じ」では伝わらない

3つの資料を作成するフェーズをスキップして、ベンダーへ「今と同じ」という要求をする企業もありますが、それでは何が「今と同じ」であるのか、ベンダー側が把握できません。**「今と同じ」という要求は、混乱を巻き起こすため、基本的にしてはいけません。**

■「今と同じ」と伝えてもベンダーには伝わらない

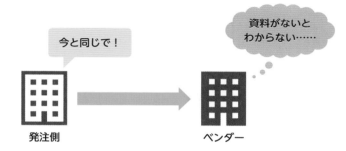

自社内であったとしても、業務を担当している人としていない人とでは、「今」の内容にズレが生じていることがあります。「今」を詳細に把握しているのは、現時点の業務担当者のみです。そのため、要求するシステムが「今と同じ」だったとしても、それを資料として可視化しなければ、ベンダーのみならず社内でも共通認識を持つことはできません。

● 「システムで実現したいこと」を正確に伝える

先述の3つの資料の中に表現されていないことがあると、ベンダーの要件把握が遅れてしまいます。そうすると、要求が追加機能になってしまうため、追加コストやスケジュールの遅延につながります。

また、口頭のみで伝えたことは、伝えたことになりません。プロジェクト開始後に、「ベンダーの営業に伝えたのに、プロジェクト担当者に伝わっていない」と、クレームを入れる発注側がいますが、システムへの要求は多種多様なため、口頭で伝えきれる内容ではないということを認識する必要があります。

■ 口頭伝達は避ける

口頭による伝達のみ ✕

今回のシステムで必要な機能はAとBです。一般的にはCも必要ですが、当社はXシステムでCを実現しているため、不要です。連携する必要がありますが……

きっとZという背景もあるんだろうな……AとBだけを実装すればよいんだ

はい、承知しました。提案いたします

提案範囲は、Zという背景があるため、A機能とB機能です

ZならばCとDの機能も必要だAとBだけの提案ではなく、CとDも提案に入れておこう

自社窓口担当者

ベンダー営業担当

提案プロジェクト／担当SEなど

文書による伝達 ⭕

実現要求はA機能、B機能。ただし、Xシステムと連携すること

この内容でご提案ください

この内容に沿って提案しましょう

提案範囲は
・A機能
・B機能
・Xシステム接続機能
ですね

自社窓口担当者

ベンダー営業担当

提案プロジェクト／担当SEなど

● 要求を可視化することの必要性

　開発スコープが非常に小さく、業務がシンプルなときは、これらの資料は書く必要がないと感じるかもしれません。しかし、記載してみると他システムへの連携やマスターデータ（P.109参照）の同期の必要性、そのタイミングが明確になります。**どのようなシステムでも簡単でよいので、これら3つ（もしくは3つの要素が含まれた資料）を作成することをおすすめします。**

　ただ、データ項目や入力内容、帳票項目などの細かいことにとらわれると、その作業の膨大さに投げ出してしまいたくなるでしょう。そのため、いずれの資料でもある程度の抽象化が必要ですが、何度か行えばコツがつかめてきます。

　次ページ以降では、To Be業務フロー、要求機能、非機能要件の資料を実際にどのようにして作成するのかを順番に説明します。

まとめ

- ▫ ベンダーへは、**To Be業務フロー、要求機能、非機能要件の3つ（もしくはそれらの要素が含まれた資料）の提示が最低限必要**

- ▫ **要求を可視化しないと、社内・社外ともに誤解が生まれ、スケジュール遅延やコスト上昇につながる**

- ▫ **システムへの要求は、口頭だけではなく文書で正確に伝える**

21 To Be業務フローを作成する

To Be業務フローは、事前知識のない業者へと自社の業務内容を伝える資料ですが、社内の人間にも理解してもらう必要があります。一番大切なのは「読み手が理解できること」です。ここでは、To Be業務フローの作成方法について解説します。

● 業務フローに記載する内容

　To Be業務フローを作成する際は、**ExcelやPowerPointで作成すること**をおすすめします。業務フローの作成に特化したツールを利用する方法もありますが、そうしたツールで作ったものは、再利用しづらかったり、共有の際に見方がわからなかったりします。他社が理解しやすいものだけではなく、社内の一般従業員が理解でき、その後も活用できるものを作成しましょう。もしすでに社内に業務フローがあれば、それを活用します。

　業務フローで区別すべき主な内容とその記号は、次のようなものです。

■ 業務フローで主に記載する内容とフローチャートの記号（例）

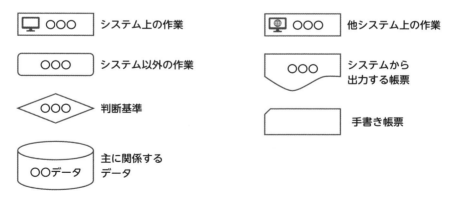

記号	内容
💻 ○○○	システム上の作業
🌐 ○○○	他システム上の作業
○○○	システム以外の作業
○○○	システムから出力する帳票
◇○○○	判断基準
	手書き帳票
○○データ	主に関係するデータ

　上記の記号を使って、フローチャートに記載する内容の詳細は次の通りです。

内容	概要
手作業で行う業務内容	現場の担当者が手作業で行う必要がある作業。手作業で行う業務を記載すると、新システムでの機能を加えることで手作業がなくなるといった、業務改善のアイデアにもつながる
システムで行う作業内容	実際にシステムで行うことを想定している作業。データの登録・参照・更新・削除（P.109参照）を意識して記載する
分岐・判断基準	処理の分岐を表す。多用すると複雑怪奇なフローになるので注意。実際のフロー上では、できるだけ少なくし、分岐要素や判断要素をコメントとして記載することが多い
帳票	手書伝票なのかコンピュータから出力された帳票なのかを明示する。具体的には、「Aシステムから出力した帳票を（システムの作業）、担当者が特定の区分に集計してBシステムに入力し（手作業）、伝票を出力する」といったシーンで記載する
データベース	システムそのもののデータベースやCSVデータ、テキストデータなど。データの登録や修正、削除、（検索のための）参照を意識して記載する。この時点（要求定義）では、データ項目までは厳密に定義する必要はない。ただ、業務フロー上にとあるデータ項目を修正するフローが出てくると、データ登録時にその修正対象データが含まれていることがわかる

過去にシステム会社が作成した業務フローを流用する場合には注意しましょう。現行システム上での作業のみに特化した業務フローになっており、手作業で行う内容が十分に記載されていないことが多いです。また、後から読み込んでも業務全体の流れがうまく把握できないこともよくあります。そのため、To Be業務フローの作成時に手作業で行う業務を表現していくことは、業務全体像の把握にも役立ちます。

● 登場人物を漏れなく表現する

業務フローには**登場人物（登場部署）を漏れなく記載**しましょう。例えば、受注登録のフローであれば、お客様、営業、受注センター、倉庫、工場などが挙げられます。また、システムそのものを1つの登場人物と考えて記載することも多くあります。

● 時間軸で記載する

業務フローは、**左から右、上から下へと時間経過を意識して記載**しましょう。途中で戻るフローはできるだけ記載しないようにすることがコツです。

■ 時間軸に沿って業務フローを表現する

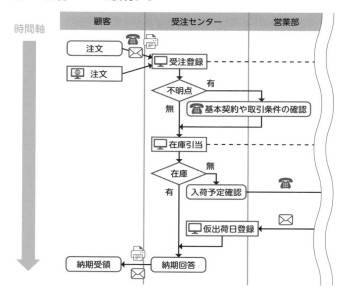

● 情報／データ／物の流れを含めて業務の流れを記載する

業務フローでは、主に業務の流れを実線の矢印で記載します。また、業務に関連する情報の流れ（メール、FAX、電話など）を実線とその手段、システム上のデータの流れ（受注データや出荷依頼データのような、システムへのデータの登録など）を破線の矢印、物の流れを薄い色とその手段で記載すると、業務フローがより理解しやすくなります。さらに補足として、お金の流れを物の流れと同様の形式で記載することもあります。

■ 業務フロー上で情報／データ／物の流れを表現する例

● 最後に業務担当部門にレビューしてもらう

　最後に、業務担当部門に To Be 業務フローのレビューを依頼して同意を得ましょう。このとき、作業担当者だけではなく**部門責任者や統括者からの同意を取りつける**ことが大切です。作業担当者は、自身の業務を中心に話をしてしまう傾向があり、全体像が見えていなかったり、なぜその作業をやっているのかを理解せずに作業したりしていることが多いです。また、作業担当者の指摘通りに記載すると、フローが細かくなりがちです。作業担当者とコミュニケーションを取る場合は、必ず部門責任者や統括者を入れることをおすすめします。

まとめ

- ▶ **To Be 業務フローは、登場人物（部署）を漏れなく記載する**
- ▶ **時間軸や情報／データ／物の流れを意識して記載する**
- ▶ **完成したら業務担当部門にレビューしてもらう**

22 欲しい機能を一覧にして まとめる

次に、To Be業務フローを基に欲しい機能を一覧化して、要求機能一覧として書き出します。ここには、To Be業務フローに記載しきれない内容を記載する必要があります。頭の中で欲しい機能を思い描きながら記載することが大切です。

● To Be業務フローと同期した要求機能一覧を作る

　ここでは、**要求機能**（P.098参照）の一覧を、抜け漏れなく記載していく際に意識することを解説していきます。また、これらは前節のTo Be業務フロー作成時にも意識しておくとよいポイントになります。

　まず、**要求機能の一覧の作成・修正は、To Be業務フローを作成・整理しながら行う**ことが望ましいです。業務フローには記載のない要求項目を要求機能一覧に記載することも多いですが、業務のどのシーンで使うかが明らかでない要求機能は誤解の基となり、後から大きな問題に発展することがあります。そのため、要求機能の一覧を作成する際は、To Be業務フローを意識しながら進める必要があります。

　例えば、To Be業務フロー上に「受注登録」という作業を記載したら、その作業においてどのような機能が必要かを要求機能一覧に記載していくようにしましょう。

■ To Be業務フローと要求機能一覧の対応

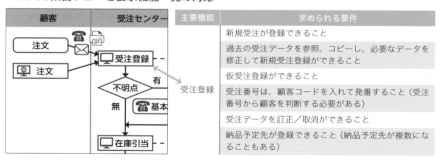

主要機能	求められる要件
	新規受注が登録できること
	過去の受注データを参照、コピーし、必要なデータを修正して新規受注登録ができること
受注登録	仮受注登録ができること
	受注番号は、顧客コードを入れて発番すること（受注番号から顧客を判断する必要がある）
	受注データを訂正／取消ができること
	納品予定先が登録できること（納品予定先が複数になることもある）

● システムにおけるデータの操作

コンピュータによるデータの操作を分類すると、「生成・新規登録」「読込・参照」「修正・加工」「削除」の4つしかありません。これら4つの操作を、専門的にはデータの**CRUD**と言います。

- **C（Create）：データ生成・新規登録**
- **R（Read）：データ読込・参照**
- **U（Update）：データ修正・加工**
- **D（Delete）：データの削除**

例えば、「顧客データの追加」（C）という要求機能を挙げたら、同様に顧客データの参照（R）・修正（U）・削除（D）の機能についても考えてみると、要求機能の漏れが少なくなります。

また、データの種類には、**マスターデータ**と**トランザクションデータ**の大きく2種類があります。

- **マスターデータ：一度登録したらさまざまな処理で参照されるもの**
- **トランザクションデータ：日々発生するデータのこと**

最近では、マスターデータをトランザクションのように扱ったり、トランザクションデータ生成中にマスターデータのメンテナンスを自動で行ったりすることが多くなり、機能そのものが複雑になっています。そのため、一言でデータをマスターとトランザクションに分けることは難しくなっていますが、データの種類の考え方として把握しておく必要があります。

● 業務の周期

業務の周期が日次／週次／月次／四半期／半期／通期のどれにあたるかによって、それぞれ扱うデータの特性が異なります。業務フローや要求機能一覧の作成時にも当然意識する必要があります。

特に、**日次業務と月次業務は業務改善対象になりやすい**ため、途中で変更があると業務フローや要求一覧作成時に混乱してしまいます。例えば、「月次確認作業が大きな負担になっているので、その確認作業を日次で実施しましょう」といった改善が提案されると、想定される機能が大きく変わってしまいます。

● 細かく書きすぎない

現行のシステムに実装されている機能を基にして、要求機能一覧を記載しようとすると、詳細まで記載しようとして手間がかかったり、前後で辻褄が合わない要求になってしまったりすることがあります。そのため、**要求はある程度抽象化して、大きな流れを記載する**ことを意識しましょう。

● 暗黙知となっているルールを記載する

自社内で暗黙知となっているルールがある場合は、できるだけ記載します。何が暗黙知になっているのかわからないかもしれませんが、主に社内運用ルールなどがこれにあたります。例えば、1日に3回（11:00、15:00、18:00）の依頼の締め切りがあるなど、暗黙になっている社内ルールを文面にして可視化していきましょう。

● 補足情報として提示が必要なもの

要求機能一覧とTo Be業務フローの補足として、次のものが必要になる場合があります。必要に応じて準備しましょう。

- 他システム連携要件一覧：連携するシステムの一覧およびやりとりする内容を記載したもの
- 帳票一覧：出力すべき帳票類

● 要求機能には優先度を記載する

　ベンダーは、作成した要求機能の一覧のそれぞれの項目ごとに、対応のための費用を記載することが多いです。要求機能一覧を受け取って見積を作成するベンダー側の気持ちになって、要求を1つ1つ記載していきましょう。

　要求機能には、ベンダーが見積する際の参考として**優先度**を記載します。また、対応するTo Be施策（P.072）について記載しておくと、よりわかりやすくなります。

■ 要求機能の一覧

優先度を
1：必須（既存システム実装済み含）
2：可能であれば
3：今後検討
でつけて見積時に活用する

必要な根拠を示すため、
対応するTo Be施策を
明示する

主要機能	求められる要件	優先度	To Be施策
受注登録	新規受注が登録できること	1	
	過去の受注データを参照、コピーし、必要なデータを修正して新規受注登録ができること	1	
	仮受注登録ができること	2	
	受注番号は、顧客コードを入れて発番すること（受注番号から顧客を判断する必要がある）	1	5
	受注データを訂正／取消ができること	1	

5：配送業者までの配送費は仕入値に含めて管理する

まとめ

- ▶ 業務フローのコンピュータ操作単位に記載する
- ▶ データのCRUD、マスター/トランザクションを意識する
- ▶ 業務フローで記載しきれなかった点も追記する
- ▶ 要求機能の優先度が見積の根拠になる

23　システムの機能以外で要求すべきこと

ベンダーへ要求する事項には、機能以外に非機能の部分も記載する必要があります。どんなに機能がよくても、1時間に1回ダウンするシステムだったり、集計処理に半日以上かかったりするようなシステムは導入すべきではありません。

● 非機能要件

　ベンダーを決定するとき、システムの機能面だけを見て決定するというケースがよくあります。ですが、しっかりと開発・運用できるかという視点で、**非機能要件**（P.100参照）についても確認しましょう。

　非機能要件で記載すべき内容は、大きく次の2つに分かれます。

- **システム基盤における要求**
- **システム開発・稼動における要求（プロジェクト推進における要求）**

　それぞれの要求には、次のような項目が挙げられます。

■ システム基盤における要求

項目	例
可用性	運転時間、対障害要求、災害対策、回復性
性能・拡張性	想定される取り扱いデータ量（ユーザー数、トランザクション数）とその想定増加量、データ保管期間、性能条件（目標値など）
運用・保守性	利用期間、運用条件、運用監視、パッチ対応方法、保守条件、障害時運用、リモート保守・ヘルプデスク、テスト環境、サポート体制（保守契約）、バックアップ条件
セキュリティ	ネットワークセキュリティ、ユーザー／パスワード管理・シングルサインオン・アクセス権限・ログなどのセキュリティ機能

■ システム開発・稼動における要求

項目	例
開発管理・プロセス	体制、会議体、スケジュール、課題管理、リスク管理、品質管理、納品物
稼動支援	教育、受入支援、本稼動時のヘルプデスク
データ移行	データ移行範囲、スケジュール

これらの要求のレベルによっては、プロジェクト期間や見積に影響します。システムの目的に沿って、適切なレベルを要求するようにしましょう。

● 非機能要件は具体的にしすぎない

非機能要件は**過度に具体的に要求することも避けるべき**です。システムのプロであるベンダーから具体的な提案をしてもらえるように記載することが大切です。

例えば、次の例のようにして、ベンダーから詳細を提案してもらうような姿勢で記載します。

■ 非機能要件の記載例

4-4. セキュリティに関する要求
・一般的なセキュリティ要件を考慮した、ハードウェア・ソフトウェアの選定をお願いします。
・インターネットを用いた機能については、不正アクセス、盗聴、なりすましなどに対する必要な対策のご提案をお願いします。
・アクセス権限の設定、アクセスログの取得、権限グループの設定など社内におけるセキュリティ機能についても明記ください。

4-5. データ移行に関する要求
・「得意先、仕入先、品目などの主要なマスタデータ」、「過去5年分の実績データ」の移行を実施する予定です。
・データの移行方法と移行に際して、当社で準備や検証など必要と想定される作業がありましたら明記願います。
・移行に際してリスクがあるようでしたらその旨も必ずご記入ください。

4-6. 教育に関する要求
・システム利用者に対して、使用方法等の教育をお願いします。

● 非機能要件は可能な限り抜け漏れなく記載する

非機能要件は、把握できる範囲で構わないので、**抜け漏れなく記載しましょ**
う。これは、ベンダーに可能な限り抜け漏れなく提案してもらうようにするた
めです。抜け漏れの確認にはIPA（情報処理推進機構）による非機能要求グレー
ドを活用するとよいでしょう。

非機能要件に抜け漏れがあった例としては、発注側が「データ移行の範囲は
すべてである」ということを当然と考え、事前に明確にしなかったという事例
があります。

この事例では、プロジェクト開始後、ベンダーがデータ移行の範囲について
発注側との間で認識のズレが発生していることに気づき、追加コストとスケ
ジュール遅延が発生してしまいました。

■ 非機能要件（データ移行の範囲）で認識のズレが発生した事例

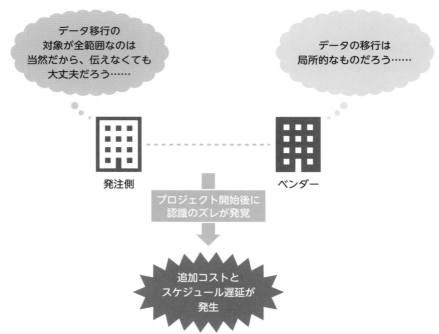

特にデータ移行は、ベンダーからの提案書や見積に反映されていないケースも多いので、気をつけましょう。

　認識のズレによる想定外の費用追加やスケジュール遅延をできるだけなくすためにも、非機能要件はしっかり記載しましょう。

　なお、ここでの要求項目は、ベンダーの提案書を評価するときに利用します。本来必要な要求項目だったとしても、ベンダーからの提案や見積で抜け落ちてしまっている場合があるので、注意して提案書や見積を確認するようにしましょう。

● 社内ルールを意識する

　非機能要件では、自社のシステム管理規程や情報セキュリティ規程で定めている、社内ルールを記載するべき箇所が出てきます。

　例えばパスワードの社内ルールが「英数記号を含め半角8桁以上で3カ月単位で変更する」や「大文字小文字英字・数字・記号を必ず含めた13桁以上とする」と定められているのであれば、そのことをベンダーへ伝える必要があります。

　社内ルールに関して、パスワード以外に伝えるべき情報としては、ID、バックアップ、OSセキュリティバッチ適用、運用監視、BCP対策、外部委託管理に関することなどがあります。

まとめ

▶ **非機能要件は機能要求と同じくらい大切**

▶ **非機能要件は過度に厳密・具体的に記載しすぎないようにすること**

▶ **非機能要件は発注者が、ベンダーに提案してもらう側であることを忘れない**

24 要求定義には現場を巻き込む

To Be 業務フローや要求機能一覧を作成する際に、システム部門や企画部門だけで作成することがあります。しかし、システムを操作するのは、各事業部の方々です。適切なタイミングで利用部門へレビューをしましょう。

● 総論賛成・各論反対

　システムのプロジェクトは「**総論賛成・各論反対**」になることが多くあります。

　総論賛成・各論反対とは、全体としては賛成であるものの、各部門では反対が起きるという状態です。この結果として起きる例で有名な話は、「市として国道を通すことは決まったが、用地買収がうまくいかない」という事例です。

■ 総論賛成・各論反対の例

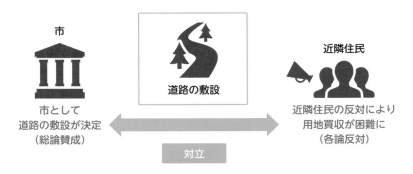

　同じようなことがシステムの導入でも起きます。経営側がシステム導入を決定したものの、**システム導入の目的を理解していない一部現場の従業員が、変化を好まず現状維持を望み、結果としてシステム変更の反対が起きてしまう**というケースです。

■ システム導入における総論賛成・各論反対の例

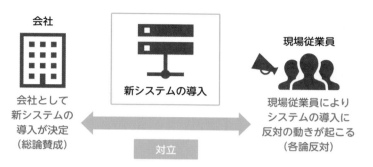

　「なぜシステムを変更するのか」「新システムでどのような効果が生まれる想定なのか」を業務現場に理解してもらうには、ある一定の時間と手間が必要です。経営側のパワープレイで解決してしまうこともありますが、その場合は結局、導入作業時にしっぺ返しを喰らうことがほとんどです。

◉ 利用部門へレビューを依頼しよう

　現場で実際にシステムを利用する部門の方々に、システムの導入を理解してもらうためには、作成したTo Be業務フローや要求要件を利用部門に**レビュー**してもらいましょう。これにより、導入目的や想定される効果を理解してもらえます。

■ システムの利用部門にレビューを依頼する

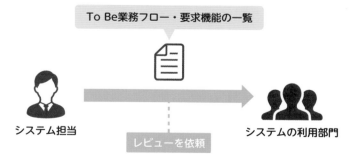

また、さらに利用部門のメンバーにとって、次のようなよい効果が現れます。

- 日々利用するシステムが変わることを認識できる
- 自分たちのアイデアを取り込むタイミングができるため、システム構築や利用において積極的になる

ただし、次のようなことに注意が必要です。

- 言ったことがいつの間にか、要求に組み込まれたと誤解するメンバーが出てくる
- 他人が作った資料を理解しようとせず、主張に徹し、会議を混乱させるメンバーが出てくる
- 主張や要求の強弱は、システム全体の必要性とは全く関係ない

とはいえ、**ここで十分に議論や検討することができれば、将来のシステム開発時の要件の揉めごとや稼動後の混乱が少なくなります。**この時点ではベンダーが決まっていないため、明確な結論が出ず、不毛な議論になることがよくあります。ですが、辛抱強く議論することで、要求すべき必要機能が明確になっていきます。

また、レビューで議論や検討ができれば、ベンダーからの提案されたスケジュールでシステムが稼動する確率が高くなります。多くの場合、ベンダー決定後の議論でも同じことが課題になります。しかし、一度議論していることから、新システムで実装する具体的な機能について理解が追加されるだけなので、結論はすんなり受け入れられます。

● 利用部門に承認をもらう

後になって利用部門からちゃぶ台返しされないようにするために、**最終確定を利用部門の責任者に判断してもらいましょう**。部下の仕事に関心がない責任者もいますが、部門間の業務の線引きには、そういった責任者の判断が必要です。揉める要素が出てきたら、プロジェクト共有課題として、プロジェクトオーナーへ報告し、まとめてもらいましょう。

また、レビュー中に部門間での担当業務の押しつけ合いがはじまることがあります。課題として可視化して、それぞれの上長も巻き込んで解決していきましょう。

■ 経営陣と利用部門のITの方向性

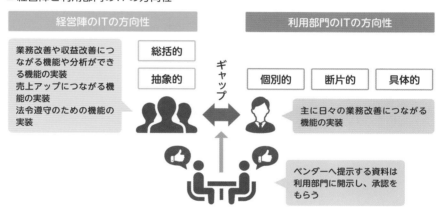

まとめ

▷ **総論賛成・各論反対が出てくる**

▷ **現場だけでは結論が出ないことがあるので、上長間で調整してもらおう**

▷ **要求定義で揉めれば、システム開発時に揉めることが少なくなる（結果的に開発期間が予定通りに進む確率が上がる）**

25 要求をとりまとめて社内でオープンにする

作成したTo Be業務フロー、要求機能、非機能要件をとりまとめて、RFP（提案依頼書）を作成しましょう。作成した資料は、社内でオープンにします。全社で意思統一を図ることが主な目的です。

RFPを作成する

　To Be業務フロー、要求機能、非機能要件の洗い出しが終了したら、それらを**RFP（Request for Proposal：提案依頼書）**としてとりまとめましょう。また、RFPには会社概要やシステム化の基本方針（目的）、問題点・To Beモデルにおける主な方向性、提案を受けたいスケジュールや想定している稼動スケジュール、提案依頼手続きなどもあわせて記載します。

　RFPとして記載が必要なのは、次の例のような項目です。なお、別添で現状のネットワーク構成図やシステム構成がわかる資料をつけることがあります。

■ 1 概要

項目	内容
1-1 当社概要	ホームページ内容の再掲になることが多いが、自社の概要を記載
1-2 既存システム環境	既存システムの概要を記載
1-3 システム化の基本方針	システム化の基本方針を記載

■ 2 当社の現状とTo Beモデルにおける主な施策

項目	内容
2-1 当社が抱える問題点	システム化によって解消を想定している問題点を記載
2-2 To Beモデルにおける主な方向性	システム化によって実現するTo Beモデルの概要や方向性を記載

■ 3 提案依頼事項

項目	内容
3-1 システム化の依頼範囲	システムや業務の全体像をベースに範囲を記載
3-2 依頼内容・業務の詳細	具体的なシステム化の依頼範囲（業務フローや要求機能一覧）を記載
3-3 処理データ量など	日々、月次などのデータ量や処理件数を記載

■ 4 提案に対する要求

項目	内容
4-1 IT インフラ構成に関する要求	オンプレ、SaaS や IaaS などを記載
4-2 開発、ソフト構成に関する要求	開発環境などを記載
4-3 運用・保守に関する要求	保守内容や運用支援時の要求項目を記載
4-4 セキュリティに関する要求	適応しないといけない社内ルールを記載
4-5 データ移行に関する要求	既存システムからデータ移行を想定している範囲を記載
4-6 教育に関する要求	依頼したい教育の範囲や内容を記載
4-7 スケジュール・納品物に関する要求	想定しているスケジュールや欲しい納品物を記載
4-8 品質・性能に関する要求	品質管理方法の明示要求や業務上の性能要求を記載
4-9 プロジェクト管理・体制に関する要求	課題管理方法や開発体制の明示要求を記載
4-10 見積に関する要求	見積根拠の明示依頼などを記載
4-11 その他の要求	会社紹介や提案システムの稼動実績の明示要求を記載

■ 5 提案依頼の手続き

項目	内容
5-1 質問受付及び回答	提案における質疑応答の手順などを記載
5-2 選定スケジュール	スケジュールを記載
5-3 提案書の提出	提案書の提出方法を記載
5-4 選定方法	想定している選定方法を記載
5-5 問合せ先	提案に関する質問先や問い合わせ先を記載
5-6 注意事項	提案における注意事項を記載

3

システムの要求定義

RFPを共有して全社での意思統一を図る

検討するシステムにもよりますが、中小企業では作成したRFPを全社に共有することは重要です。To Be業務フローや要求機能といった資料を全社で共有することで、可視化された資料を基に議論する基盤ができます。

■ RFPを全社に共有する

共有し理解するためには時間が必要なため、共有タイミングはベンダー選定後でも構いません。

ですが、このタイミングで共有しておくと、ベンダー選定後に新しい要求が出てくることを避けられます。そのため、ベンダー選定をはじめる前に、全社統一を図りたいところです。

各部門の隠れたキーマンを参画させる

資料をオープンにすると、主に社内批評家と呼ばれるような人々から、さまざまな意見や批判が寄せられることになります。

しかし、その中で、疑問に思った点を解決するために、自ら動く人物が出てきます。その人物は、「なぜこのような無駄に見える業務フローなのか？」「何のためにその情報が必要なのか？」「違う視点で考えてみてはどうだろうか？」「こう変えたらもっとうまくいくのではないだろうか？」などの疑問に対して、自ら解決しようと動きます。

このような人物は、主体性を持って動くことができる**キーマン**であり、プロ

ジェクトに参画させるべき人物になります。このようなキーマンは、なかなか外部からは見えませんが、必ずどのプロジェクトでも陰で支えるキーマンがいます。

ぜひともそのような動きができる人物をプロジェクトへ参画させたいものです。

○ ベンダーの提示すべき内容を社内に把握してもらう

今の時代、業務にシステムは不可欠です。そのため、これから各所でさまざまなシステム導入の検討が行われます。その際、ベンダーへ提案依頼をするために最低限必要な資料が、この節で説明してきた「To Be業務フロー」「要求機能」「非機能要件」です。

これらの資料の役割の1つは、「口頭での伝達だけでは十分な情報提供ができないため、ベンダーに資料として提示する」ことです。ですが、もう1つの重要な役割として、「一度作成したものをノウハウとして、自社内で共有する」ことがあります。

特に非機能要求に関しては、他のシステム向けに作成したものを、そのまま流用したり、必要な要素を抜き出したりして、再利用が可能です。また、新たにシステムの導入を検討するときには、To Be業務フローや要求機能の作成が必要です。

まとめ

▶ 要求をとりまとめて、RFPにする

▶ 検討するシステムにもよるが、全社での意思統一のため、できるだけ社内で情報をオープンにする

▶ 各部門・事業部の隠れたキーマンの洗い出しができれば、より確実にプロジェクトの成功に導ける

現行システムのベンダーとは異なるベンダーに「稼動しているシステムと同じにしてもらいたい」と要求すると、何が起こりえるでしょうか。ここでは、現行システムのソースコードを仕様書代わりに新ベンダーに開発依頼した事例を紹介します。

　中小企業A社は、長年社内システムの開発を外部のITベンダーB社に運用および追加開発の委託をしていました。しかし、クラウド化の要求に対する対応や、最新のセキュリティ対策機能の追加提案がなく、B社と共に歩む将来へ不安や不満を抱くようになりました。

　そこでA社は、B社から承認をもらい、一部のソースコードを解放して、新システムの開発を担ってくれるITベンダーを探し、一番安価な提案をしてきたC社に開発を依頼することにしました。

　C社は、基本的にWeb系の開発が生業で、Web受注システムなどの開発をしていました。そのため、企業内の販売管理や在庫管理、債権債務管理にはほとんど経験がありませんでした。

　C社は、旧システムの全ソースコードを受領し、最新の開発環境で焼き直しをしました。今回は、データベースの内容の再構築が要件としてあったため、SEがソースコードから人力で仕様を把握する必要がありました。A社にて、完成したシステムの受入テストをしたところ、不具合だらけで、ほとんど使い物にならないシステムになっていました。

　現行のシステムは長年使っていたため、途中で利用中止した機能のソースコードが残存しており、仕様把握が困難な状況でした。また、C社には一般的な業務知識が十分にないことも大きな原因でした。C社はコスト削減のため、A社の業務を把握するための時間を十分にとらず、システム要求の背景を把握していませんでした。そのため、仕様の勘違いが頻発し、不具合となって表面化したのです。

　もともと開発は1年間の想定だったのですが、不具合修正のため、さらに1年を費やしました。

　この事例では、開発ベンダーの選択を誤ったことにより、コスト肥大や工期延長となってしまいました。適切な開発ベンダーを探すには、「自社のビジネスを理解できる資料の提示やヒアリング期間を設定し、把握してもらうこと」「事前に自社が要求することを明確にし、文面化すること」「ベンダーに開発対象の業務におけるシステム開発の経験があること」が重要であることがわかります。

4章

適切なベンダーの選定

システム外注の流れにおいて、3番目の工程は
「ベンダー選定」です。1章でも述べたように、
システム外注において、最も重要な工程なの
で、ベンダー選定はどう進めるべきなのかを詳
細に解説していきましょう。

26 ベンダーへの声かけは 必ず複数に

システム導入は、効率性の向上や競争力の強化にとって重要な要素です。そして、システム導入を成功させるには、適切なベンダーへの発注が成功の鍵となります。ここではまず、声をかけるベンダー候補の検討について解説します。

● ベンダー選定の手順

システムの企画を終え、自社の要求を定義したら、いよいよ実際にシステムを外注するベンダーを選んで決定する**ベンダー選定**のプロセスに進みます。

ベンダー選定は、次のような手順で進めていきます。

■ ベンダー選定のプロセス

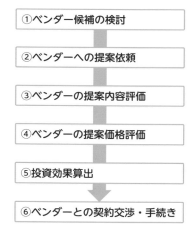

①ベンダー候補の検討

②ベンダーへの提案依頼

③ベンダーの提案内容評価

④ベンダーの提案価格評価

⑤投資効果算出

⑥ベンダーとの契約交渉・手続き

● ベンダー候補を選定しよう

ベンダーへ声をかけて行う提案依頼は、適切な価格でベンダーと契約し、要件に適合したシステムの導入を実現するために欠かせない重要なステップです。ですが、ベンダーの声かけを行う前には、**適切なベンダー候補の選定**が重

要です。声かけするベンダー候補の選定は、RFI（P.080参照）の回答結果などから、信頼性、専門知識、価格競争力などの要素を総合的に考慮する必要があります。また、幅広い選択肢を得るため、特徴（企業規模、経験、実績など）の異なるベンダーを選定します。

■ ベンダーの持つさまざまな要素

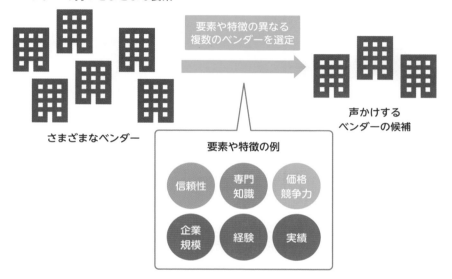

● 中小企業におけるベンダー候補の選び方

中小企業では特にリソースや予算に制約があるため、特有の検討ポイントがあります。そのうちの1つが、**組織の規模に合ったシステムを選定する**必要がある点です。つまり、導入したシステムを限られた人材や時間で活用できるかどうかが重要になります。そのためには、**ベンダーが中小企業向けのシステムを提供しているか、実績があるかを確認すること**が必要です。

また、中小企業は予算に制約があることが多いため、**コストパフォーマンスの高いベンダー**を見つけることが重要です。そのためには、ベンダーの提供する製品やサービスの価格が適切であり、投資対効果が高いかどうかを見極める必要があります。コスト削減や業務効率の改善の提案も期待できるベンダーを選ぶことが、中小企業にとって利益を最大化する手段となります。

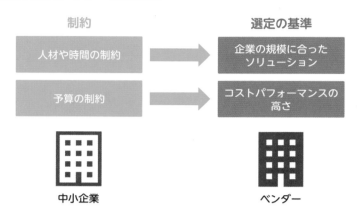

■ 中小企業の制約とベンダーを選ぶ基準

制約

選定の基準

人材や時間の制約 → 企業の規模に合った
ソリューション

予算の制約 → コストパフォーマンスの
高さ

中小企業

ベンダー

　これらの観点の他にも、中小企業特有の課題や要件を踏まえた上で、顧客の評判や信頼性、提案内容が自社のニーズに適合しているかなどを考慮しながら、慎重に検討する必要があります。

● ベンダーの声かけは必ず複数に

　ベンダー候補の選定が終わったら、RFPを発行することでベンダーへの声かけを行います。

　このとき、**必ず複数のベンダーを対象にします**。ベンダーに対して候補が複数ある旨を伝えることで、各ベンダーは提案が他社と比較されるということがわかります。競争意識を促せるため、よりよい条件や価格での提案が期待できます。

　さらに、複数社から公正かつ透明に選定することも伝えることで、信頼関係を築き、今後のコミュニケーションを円滑に進められるようになります。

● 既存ベンダーとの関係を維持する

　以前からシステムを発注しているなど、取引がある既存のベンダーがいる場合は、システム導入の成功確率を高めるために声かけを検討します。**既存ベン**

ダーは、**既存システムの運用や情報に関する豊富な知識を持っています。**その
ため、他ベンダーへ外注する場合でも、彼らの協力はシステムやデータのス
ムーズな移行に欠かせません。

　既存ベンダーの協力が必要な例としては、データのマッピングと変換作業に
おいて、正確なデータ変換を確保するために既存システムのデータ構造や形式
を解説してもらわなければいけないケースがあります。協力の度合いによって
は、別途料金の支払いが必要になります。

　そのため、**既存ベンダーとの間に協力が得られるような関係を維持する**こと
が重要です。ベンダー候補として声かけするのは、関係維持の有効な手段とな
り、新システムへの移行の成功確率を高められます。

　なお、既存ベンダーからの提案は、一般に次のようなメリット／デメリット
が考えられます。他ベンダーの提案と比較検討する上で念頭においておくとよ
いでしょう。

■ 既存ベンダーからの提案のメリット／デメリット

メリット	デメリット
現行システムの理解や移行作業がスムーズに行える	特定の技術やプラットフォームに特化している場合、他の新しいアプローチやテクノロジーに対する理解や経験が不足している可能性がある
特定画面の操作性など、詳細なシステムの課題を把握し、改善点を提案できる可能性がある	システムの内部に焦点を当てた作業を行ってきたため、ビジネス要件や顧客の期待などの外部要因の視点が不足している可能性がある

まとめ

▶ **システム導入には適切なベンダーの選定が重要であり、信頼
性や価格競争力などの要素を総合的に考慮する必要がある**

▶ **ベンダーの声かけでは複数のベンダーを対象にする必要がある**

▶ **スムーズなシステム移行に既存ベンダーの協力が必要なため、
協力を得られるように関係を維持する。そのためには、新シ
ステムのベンダー候補として声かけを検討する**

27 ベンダーへの提案依頼は具体的に

ベンダーへの提案依頼では、RFP説明会というものを実施します。RFP説明会は計画と準備が必要であり、効果的に情報伝達をするために適切な方法で行う必要があります。本節では、RFP説明会を成功させるポイントについて解説します。

● RFP説明会とは

RFP説明会とは、作成したRFPの内容を説明するため、ベンダーと直接対話し、システムへの要求や期待の具体的な情報を提供する会合やセッションです。提供する情報が抽象的だと、ベンダーが要求を正確に理解できず、期待に応える提案を行うことが難しくなります。また、スコープや見積条件の一貫性が保たれにくく、一律に比較することが難しくなります。そのため、RFP説明会でベンダーに具体的に情報を提供することが重要です。

■ RFP説明会

発注側　RFP　　　　　　　　　　ベンダー

RFPの内容を
具体的に説明

説明された情報を基に
提案内容を考える

● 準備1：RFPドキュメントの作成

RFP説明会は、ベンダーとの効果的なコミュニケーションを確立するための貴重な機会であり、成功させるためには事前の準備が欠かせません。まずは、RFPドキュメントを作成する必要があります。RFPの作成については、3章の記載の通りなので省略します。

● 準備2：NDA（秘密保持契約）の締結

2章でも軽く説明しましたが、機密性の高い情報を話す場合は**NDA**を締結しましょう。RFPには、プロジェクトの詳細や要件、ビジネス戦略など、企業にとって重要かつ機密性の高い情報が含まれることもあります。その場合、NDAを締結することで、提案依頼するベンダーに対してこれらの機密情報を適切に保護するよう要求できます。これにより、**情報漏えいや競合他社に情報を漏らすリスクを低減**できます。

また、NDAの締結は、ベンダーに対してRFPの内容に基づく自由な提案を行う機会を提供します。提案内容が機密情報として保護されるため、ベンダーはより具体的で独自性のある提案を行いやすくなります。逆に、NDAがない場合、提案者は情報漏えいの懸念から慎重になり、より抽象的な提案に留まる可能性が高まります。

なお、もし自社でNDAの雛形があるようなら、それを使用することを推奨します。**自社の雛形を提示することで、効率的に契約手続きを進められます。**また、一律のNDAを使用するため、すべてのベンダーに同じ条件を提供でき、法的なリスクを最小限に抑えられます。その結果、契約交渉を効率化することができます。ただし、ベンダーから条件の変更要望が挙がる場合には、雛形を適切にカスタマイズする必要があります。

■NDAの締結イメージ

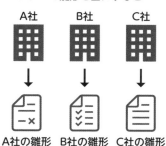

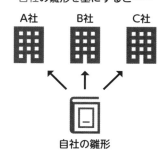

RFIと同様に、「第三者への開示は防ぎたいがNDAを締結するほどの重要性はない」といった場合には、RFPに「第三者へ開示しないこと」を明記する方法もあります（記載例はP.087参照）。

● 準備3：説明会のスケジュールと会場の設定

説明会の日程を設定し、事前にベンダーに通知します。また、適切な会場を選定し、必要な設備や資料を準備します。会場の広さや設備（プロジェクター、大型ディスプレイ、PC、ポインターなど）は、**参加者全員が快適に参加できるように考慮する**必要があります。

なお、最近では物理的な会場を用意せず、**オンラインミーティング**で開催するケースが増えています。これにより、地理的な制約をなくし、より多くのベンダーに参加してもらうことが可能です。ただし、言語のニュアンスの伝達や非言語コミュニケーションは対面と比較すると不足し、またベンダーは説明を聞く割合が多いことから注意散漫に陥りやすくなります。そのため、**対面よりも依頼内容を十分に理解することが難しい可能性があります**。

RFPの説明会は合同で開催する形態と個別で開催する形態があります。また、説明会を開催せず、RFPの提出のみ行う形態もあります。それぞれの形態にはメリットとデメリットがあり、状況や要件に応じて適切な方法を選択する必要があります。

■ RFP説明会の形態と概要

形態	概要
合同説明会	複数のベンダーを1つの会場に集めて行われる。1つのセッションで全体に対して情報を提供するため、参加するベンダーは同じ情報が得られる
個別説明会	自社とベンダーとの一対一の会議。ベンダーごとに個別のセッションで依頼内容を説明し、質問や関心事に対応する
説明会なし	説明会を開催せず、RFPだけを提出する。質問受付と回答は、ベンダーと個別のコミュニケーションを通じて対応する

■ 形態ごとのメリット・デメリット

形態	メリット	デメリット
合同説明会	・一度に複数のベンダーに説明でき、時間とリソースの節約になる ・すべての参加者が同じ情報を受け取るため、ベンダーへの公平な扱いができる	・多くの参加者がいるため、個別の質問や関心事に対応するのが難しい場合がある ・参加者が多い場合、会話や質疑応答が混雑し、情報の吸収や理解が難しくなる可能性がある
個別説明会	・参加者のニーズや関心に合わせて情報を提供できる ・より具体的な質問に対応できる ・参加者と提案者との間で直接対話や議論が行える	・1社ずつ行われるため、時間とリソースが必要になり、ベンダーが多数の場合は効率的ではない ・ベンダーの理解度や質問の内容に応じて、説明する内容が変わり、不公平になる可能性がある
説明会なし	・説明会を開催しないことで、自社とベンダーの両方の時間とリソースを節約できる ・説明会に要する時間がないので、RFPを充実させることに注力できる	・情報共有が書面のため、情報が不足することがある ・RFPの内容が不明確だと、質問が増えて回答に手間がかかる可能性がある（この場合、質問と回答を対面で行う方法もある）

■ 状況や要件と適切な形態の例

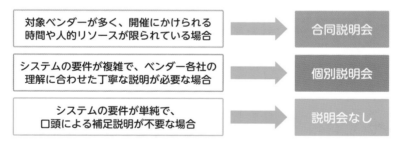

● RFPの発行

　準備が整ったら、RFPの発行（ベンダーへの送付）を行います。RFPは、説明会の前にベンダーに送付しましょう。あらかじめ確認してもらうことで、説明会の時間を効果的に活用できます。

● RFP説明会の実施

RFP説明会は、「**挨拶**」、「**RFP説明**」、「**質疑応答**」の構成で実施します。

「挨拶」では、自社のプロジェクト責任者が、プロジェクトの背景と目的の説明を含めて挨拶を行います。これにより、プロジェクトの重要性と自社の意気込みがベンダーに強調され、より真剣な提案を行う動機づけになります。

「RFP説明」では、事前にRFPを送付することでベンダーが基本的な情報を理解しているため、すべての機能要件を述べるよりも**ポイントを絞って説明するほうが効果的**です。重要かつ複雑な要件やプロジェクトの目玉となる要件に焦点を当てることで、時間の節約と効果的な説明が可能となります。

「質疑応答」では、ベンダーからの質問に対して回答を行います。事前の準備として、誰がどの部分に関する質問に対応するか明確にします。また、ベンダーには「**正確に回答できない場合は、調査・検討し、後日改めて回答する**」という方針を伝えます。質問に対する明確で正確な回答を提供することで、ベンダーの理解を深め、提案の品質を向上させられます。個別説明会の場合は、質問内容を記録して他のベンダーと共有することで、ベンダーへ提供する情報に偏りが生じるのを防げます。

まとめ

▷ **RFP説明会の準備には、RFPドキュメント作成、NDAの締結、説明会のスケジュールと会場の設定が必要**

▷ **RFP説明会の形態には、合同説明会、個別説明会、説明会なしの選択肢があり、状況に応じて適切な方法を選ぶ**

▷ **RFP説明会は「挨拶」「RFP説明」「質疑応答」の3つの構成で行い、効果的な情報伝達を行う**

28 ベンダーの提案内容評価

RFP説明会後はベンダーから提案を受けます。ただ、複数の提案の中から、どれが自社にとって最適かを評価することは困難です。なぜなら、機能や価格などさまざまな要素が存在し、加えて人によって評価が異なることがあるからです。

● ベンダーの提案内容評価の手順

RFP説明会を終え、ベンダーからの提案を受けたら、提案内容を評価していきます。評価の際は、評価項目と評価基準を設定して評価表を作成し、**評価を定量化する**必要があります。具体的には、次のような手順で実施します。

■ ベンダーの提案内容評価の手順

手順	概要
①評価項目の作成	自社の状況や要望に応じて、適切な評価項目を作成する
②評価基準の設定	各評価項目に対して、評価基準を設定する
③重みづけ	各評価項目に重みづけを行い、総合的な評価点を算出する
④評価の実施	ベンダーの提案を基に、各評価項目に対する評価を実施する
⑤評価点の計算	重みづけを加味して評価点を計算する
⑥評価結果の共有と議論	評価結果を関係者と共有し、評価項目や評価点の根拠について議論する
⑦最終的なベンダー選定	評価結果や議論を踏まえて、最適なベンダーを選定する

※手順①〜③は、ベンダーから提案書を受領する前に実施します

上記の手順に従って定量的に評価すると、次のような利点があります。

- 客観的な基準に従って点数をつけることで、感情や個人的な意見に左右されずに評価が実施できる
- 各ベンダーの特徴や提案内容を比較しやすくなり、強みや弱みを把握できる
- 評価基準や点数の根拠を複数人で共有し、議論することにより、納得感のある評価が実現でき、客観性と透明性が確保できる
- 経営陣に選定理由を納得してもらうための基礎資料になる

◉ 手順1：評価項目の作成

　まずは、評価表に記載する**評価項目**を作成します。なお、評価項目は業界や規模、システムの要件や複雑性に応じて必要な項目を選択します。すべてを盛り込む必要はありません。評価項目は、次のような観点から考えます。

■ 評価項目の観点

観点	説明
信頼性・実績	ベンダーのこれまでの実績や信頼性は、将来の取引やプロジェクトの成功の可能性を判断する際の重要な指標となる。具体的には、プロジェクトを順調に遂行するための企業としての安定性などを評価する
パッケージの機能適合性	提案されたパッケージ製品が、自社が要求する機能にどれだけ対応しているかを評価するための項目。要求機能一覧の各機能に対して、ベンダーによる適合可否の判断を行い、その結果から適合度合いを評価する（要求機能一覧はP.099参照）
非機能要件への適合性	非機能要件は、性能、セキュリティ、信頼性、拡張性など、システム全体の効率や品質に関わる要求を指す。この評価項目では、提案された製品がこれらの要求をどれだけ遵守しているかを評価する
スケジュールと体制	プロジェクトのスケジュールが現実的であり、提案された体制がプロジェクトの実行能力に適合しているかを評価する
契約形態	準委任や請負などの契約形態がプロジェクトの内容に適合しているかを評価する
費用	提案の価格だけでなく、将来的な運用コストや保守費用を試算し、トータルコストを評価する（詳細はP.142を参照）

それぞれの観点について、具体的には次のようなものを評価項目として設定していきます。

■ 状況や要件と適切な形態の例

信頼性・実績

企業規模、財務状況、事業年数、製品導入実績

非機能要件への適合性

拡張性、セキュリティ、信頼性、可用性、運用性、保守性

スケジュールと体制

スケジュール、体制、スキル、経験、プロジェクト管理方法

費用

導入費用（パッケージライセンス、導入サポート、ハードウェア、カスタマイズ）、運用保守費用（ハードウェア、ソフトウェア、回線料金）

● 手順2：評価基準の設定

続いて、**評価基準**を設定します。評価基準は、ベンダーの提案を点数やレベルで表現し、どれだけ要求に適合しているかを評価するものです。客観的かつ一貫性のある評価をするために行います。

次の例のようにして、評価項目ごとに段階別に評価基準を設定していきましょう。

評価項目	評価基準	得点
導入スケジュール	A：プロジェクトの計画と一致	5
	B：一部の調整が必要	3
	C：調整が大幅に必要（遅延やリスクが懸念される）	1
セキュリティ	A：高度なセキュリティ対策を持ち、脆弱性のリスクを最小限に抑えている	5
	B：セキュリティ対策が一般的なベストプラクティスに従っており、一般的な脆弱性はカバーされている	3
	C：セキュリティ対策が不十分であり、脆弱性が存在する可能性があり、セキュリティのリスクが高い	1
製品導入実績	A：100社以上への導入実績があり、成果が具体的に示されている	5
	B：複数の導入事例があり、過去の実績から得られる知見が提供されている	3
	C：事例がほとんどなく、過去の実績から得られる信頼性のある情報が不足している	1

● 手順3：重みづけ

　評価項目に対して**重みづけ**を行います。重みづけは、各評価項目間の相対的な重要度を評価に反映させるために行います。プロジェクトの特性に応じて重みを設定し、評価の正確性と優先度を向上させます。重要な項目に高い重みを設定し、それに基づいて総合的な評価点を算出します。

　次の例は、評価項目に重みづけをしたときのイメージです。なお、評価（得点）と評価点（重み×評価）は、実際は評価時に入力しますが、重みの役割をイメージできるように、便宜上記載しています。

評価項目	重み	評価（得点）	評価点（重み×評価）
導入スケジュール	10	B（3点）	10×3=30
セキュリティ	5	B（3点）	5×3=15
製品導入実績	5	A（5点）	5×5=25

● 手順4：評価の実施

作成した評価項目と基準に基づいて、各ベンダーの提案内容を評価します。評価者は評価基準を基に、提案内容を客観的に評価します。

● 手順5：評価点の計算

すべての評価項目の評価を終えたら、手順3の例のような要領で重みを含めて評価点を算出し、さらにすべての評価項目の評価点の合計を算出します。これにより、重要度を反映した総合的な評価が行えます。

■ 評価点の計算例

評価項目	評価点（重み×評価）		
	A社	B社	C社
導入スケジュール	30	25	15
セキュリティ	15	30	25
製品導入実績	25	25	30
…	…	…	…
合計点 （100点満点換算）	200 (65)	250 (81)	300 (97)

● 手順6：評価結果の共有と議論

評価結果を関係者（プロジェクトマネージャー、IT部門の担当者、利用部門の代表者など）と共有し、評価基準やポイントの根拠を詳しく説明し、意見交換や議論を行います。

例えば、次のような議論をすることで、効果的な意思決定ができるようになります。

- **重要な強みと弱みの評価が不足していないか**
- **全体の評価結果がプロジェクトの目的や自社の方向性と整合しているか**
- **リスクは存在しないか、どの程度のリスクを受け入れるべきか**
- **議論に参加していない従業員の要望や期待とどれだけ合致しているか**

● 手順7：最終的なベンダー選定

議論した結果を基に、プロジェクトに最適なベンダーを選択します。

なお、実際の評価作業では、評価表における最高得点のベンダーと、ほとんどの評価者が最適と感じるベンダーが異なるケースがあります。要因はプロジェクトによってさまざまですが、理由の1つが「評価表で事前に必要な評価項目がすべて洗い出されていない」ことです。その場合は、評価項目を追加するなどの対応を行いましょう。最終的にはすべての評価者が**納得してベンダーを選定する**ことが重要です。

金融サービス業のA社は、新しい基幹システム開発プロジェクトのためにベンダーを選定する際、A社のプロジェクトマネージャーがベンダー評価表を作成しました。評価表には、拡張性、互換性、費用などの評価項目が含まれており、それぞれに重みが設定されていました。しかし、実際にベンダーとのコミュニケーションやデモンストレーションを通じて評価を行う前に、社内で評価項目や重みづけに関する十分な議論が行われませんでした。

　ベンダーのデモンストレーションと議論がはじまりましたが、議論の焦点はあまりにも技術的な側面と費用に集中しすぎており、他の重要な要素が見過ごされていました。その中でも、導入実績や過去の類似プロジェクトの経験など、A社の特殊な業界用語やプロセスに関するベンダーの理解が軽視されていました。

　結果として、A社の業界の会社への導入実績がないベンダーが選定されました。このベンダーは、A社の業界への理解が不十分だったため、要件定義時に業務の理解や要件の記述に多くの時間を要し、プロジェクトの進行に支障をきたしました。開発時にも業務や要件の理解が不十分なことから、追加の調査や説明が必要になり、結果として予期せぬ問題や遅延が頻発しました。プロジェクトは費用の追加とスケジュールの遅延を繰り返し、最終的には外注先を他のベンダーへ変更せざるを得ない状況に陥りました。

　この事例では、導入実績や過去の経験など、ベンダーの信頼性や実績を示す評価項目の重要性を軽視した結果、不適切なベンダーが選定され、プロジェクトが失敗しました。評価項目はバランスの取り方が重要であり、技術的な側面や費用だけでなく、実績を含むベンダーの信頼性も慎重に評価することが必要です。

まとめ

▷ **ベンダー評価のために評価表を用意し、客観的な基準に基づいて点数をつけることで、納得感のある評価が実現できる**

▷ **評価の準備として、評価表に評価項目の作成、基準の設定、重みづけを行う**

▷ **評価結果を共有・議論し、最終的にプロジェクトに最適なベンダーを選定する**

29 ベンダーの提案価格評価は意外と難しい

前節ではベンダーの評価方法について説明しましたが、意外と評価が難しいのが価格です。価格は、多様な要素によって構成されるため、金額だけを見るだけでは十分な評価が難しいことがあります。本節では、価格評価の際の注意点を解説します。

● 価格評価における落とし穴と注意点

製品やサービスの価格は、提供方法や内容に関わるさまざまな要素によって構成されるため、単純な金額だけでは十分に表現しきれておらず、比較できない場合があります。

例えば、導入費用が○○万円と記載されていても、設定や教育、データの移行といった要素が含まれているかどうかはベンダーによります。また、費用の内訳が記載されていたとしても、ベンダーによって表現が異なるため、必要な要素が適切に含まれているかを判断することが難しい場合もあります。

■ 価格評価の落とし穴

費用の内訳がないため単純比較できない

A社 見積書
導入費用：3000万円
運用費用：500万円／年

B社 見積書
導入費用 4000万円
運用費用 300万円／年

費用の内訳があっても表現が異なるため比較できない

A社 見積書
導入費用 3000万円
［内訳］
会計・債権管理：2000万円
教育支援：1000万円

B社 見積書
導入費用：4000万円
［内訳］
PJ管理：500万円
適合分析：1000万円
導入支援：1500万円
本稼動支援：1000万円

● ライセンスの価格体系

　システムがライセンス式の価格体系となっている場合も、注意が必要です。ライセンス料金は、使用するユーザー数や店舗数、利用する機能の範囲、利用頻度などに応じて変動します。価格体系を理解せずに導入を決定すると、将来的に予想外の追加費用が発生する可能性があります。新たに特定の機能が必要になった場合やユーザー数が増加した際、製品によっては費用がわずかに増えることもあれば、倍増することもあります。そのため、現在だけでなく、将来的な費用もあわせて考える必要があります。

■ ユーザー数の増加により追加費用が発生するイメージ

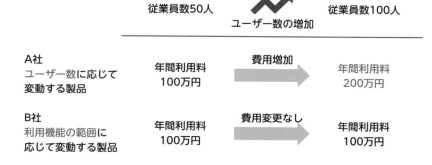

● サポートと保守の価格

　サポートと保守（システムに問題が生じた場合に支援し、正常に動作し続けるようにメンテナンスすること）に関しては、サポートのレベルや対応時間がベンダーにより異なるので、単純な価格比較は困難です。より高いレベルのサポートを受けるためには、想定よりも高額な追加の費用が発生することがある点を念頭においておきましょう。

■ サポートのレベルにより追加費用が発生するイメージ

	[選定時] B社よりもコストを 抑えられることに 魅力を感じ、A社と 契約		[1年後] サポート遅延、問題解決に 時間がかかることに不満。 サービスレベル向上を A社に要求した結果、 追加の費用が発生
A社 通常業務時間内に 電話やメールでのサポート	年間利用料 10万円	費用増加 ⟶	年間利用料 30万円
B社 24時間365日の電話と チャットでの即時サポート 重大な障害発生時の迅速な対応	年間利用料 25万円	費用変更なし ⟶	年間利用料 25万円

● 契約条件と期間

　契約条件と期間についても注意が必要です。提案書や見積書に記載されていない場合でも、導入後に追加費用が必要となるケースがあります。例えば、カスタマイズに関連する追加費用や、ソフトウェアのアップグレードなどが考慮されていないことがあります。提案段階では最新バージョンが提供されますが、アップグレード作業時には想定していない費用がかかることもあります。また、ソフトウェア利用料の課金開始時期が明記されていないため、結果的に価格の高いほうを選択してしまうケースもあります。最近ではSaaSのサービス（P.155参照）を選定する機会が増えていますが、サービスによって課金対象になる時期が異なるため、特に注意が必要です。

A社のほうが費用を抑えられ、魅力的に思えるが……

A社 見積書
年間利用料：1000万円

B社 見積書
年間利用料：1100万円

5年間のトータルコストを
計算すると……

A社の課金は導入時から開始するため、トータルではB社より高い

利用料 （万円）	導入時	稼動 1年目	稼動 2年目	稼動 3年目	稼動 4年目	稼動 5年目	合計
A社	1000	1000	1000	1000	1000	1000	6000
B社	0	1100	1100	1100	1100	1100	5500

4

適切なベンダーの選定

総費用を正確に評価する

これまで挙げた予期しない追加費用を避けるためには、提案書や契約書の詳細を十分に確認し、費用に関する項目を特に注意深く確認することが重要です。ベンダーに対して具体的な質問を行い、追加費用について明確な情報を得ることで、プロジェクトやサービスの総費用を正確に評価できます。

具体的には、各ベンダーから提案を受ける前に、**事前に価格を詳細な項目に分け、それに基づいて価格を提示してもらう**ように依頼します。ライセンス料、導入費用、サポート料金、アップグレード費用など、それぞれの要素を個別にリストアップします。

また、将来的な拡張や更新に備えた費用を評価するために、導入作業から稼動予定期間（例：5年、10年など）のトータルでの費用が明確になるように価格の提示を依頼します。

最後に、各項目の価格を合算して総合価格を計算します。これによって、異なる要素を組み合わせて将来的な費用も考慮に入れた総費用を把握できるようになります。次のような表を作成し、ベンダーへ入力を依頼しましょう。

■ 総費用の表

項目	導入期間	1年目	2年目	3年目	…	合計
利用条件（自社で記載）						
利用人数	100	125	150	175	…	
利用機能	会計	会計	会計	債権会計	…	
導入費用						
開発作業						
ライセンス						
インフラ構築						
データ移行						
教育						
…						
運用費用						
ライセンス						
アプリ保守						
インフラ保守						
アップグレード						
…						
合計						

空欄をベンダーに
入力してもらう

まとめ

▶ 製品やサービスの価格は、提供方法や内容に関わる要素で構成されるため、費用内訳について十分な確認が必要

▶ ライセンス料金の価格体系を理解せずに導入すると予想外の追加費用が生じる可能性がある。拡張や変更に備えた費用も考慮する必要がある

▶ サポートレベルや契約条件の違いが価格に影響するため、高いサポートを受けるために追加費用が発生することがある。提案書や契約書を細かく確認し、将来の総費用を評価することが重要

30 投資効果を算出して経営陣を納得させる

中小企業にとって、システム開発の外注は大きなリソース（発注費用、対応人員）を投入する重要な決断のため、経営陣の了解が必要です。なお、法制度対応など、投資効果の考慮が不要なケース（P.092参照）では、この節は読み飛ばしてください。

● ベンダー選定結果を経営陣に報告する

　価格も含めて提案内容評価を行い、ベンダー選定が終了したら、いよいよ経営陣に納得してもらい、外注の承認をしてもらうことが必要になります。納得してもらうには、まずは複数のベンダーの中から採用予定のベンダーに選定した理由とその費用を、明確に伝える必要があります。前節で作成した評価表を要約した説明資料を作成して、選定理由を簡潔に説明します。

　また、費用にはベンダーから提示された見積金額の他に、**予備費**（例：5%、10%、20%）を加えます。予備費は例えば、プロジェクト途中での仕様の変更や追加、緊急の対応などに使われるため、予期せぬ状況への備えとして重要です。必要な予備費の額はプロジェクトの性質や規模によって異なるため、予定するプロジェクトの状況に応じて適切に設定することが重要です。

　予備費が大きくなりやすいプロジェクトの例は、次の通りです。

- RFP作成（要求定義）に業務担当者が積極的に関与していないプロジェクト
- 要件が不確か、または変動しやすいプロジェクト
- 外部の要因（ベンダー、取引先、公的規制など）に依存しているプロジェクト
- 新しい技術や複雑なシステムを導入するプロジェクト
- ビジネスの要求や市場の変化に迅速に対応する必要があるプロジェクト

■ 経営陣への説明資料の例

項目	A社	B社	C社
評価点	90点	80点	75点
費用（5年間）	1.3億円	1.5億円	1億円
評価できる点	・高い技術力と実績 ・提案内容が要件に適合	・納期の遵守が得意 ・顧客対応が丁寧	・ユーザーフレンドリーなシステム提案 ・コストが安い
評価できない点	費用がやや高め	過去の実績が少ない	技術力がやや低め
総合評価	◎（選定）	○	△
選定理由	高い技術力と実績を持ち、提案内容が要件に適合している。費用はやや高めだがその分の価値があると判断したため		

● 投資効果を算出する

　P.092で投資効果の算出を説明しましたが、実際にはベンダーから提案書を受領し、社内で発注の決裁が必要になるこの段階で算出することが多いです。

　投資効果の算出方法としてKPIの使用を紹介しましたが、導入するシステムによっては効果を金額で定量的に示すことが求められる場合があります。その場合、状況に応じて次のように算出します。

- **人件費の削減による節約額**：従業員1名の仕事を自動化することで、年間で500万円の人件費を削減
- **作業時間の短縮によるコスト削減**：従業員が1つのタスクにかかる時間が半分になり、年で200万円のコスト削減（単位時間あたりの費用は自社の状況に合わせて設定する）
- **新規顧客獲得による売上増加**：新規顧客獲得率が10％向上し、年間の売上が500万円増加

　また、効果を定量的に示すことが難しいケースでは、次のような形で定性的に示します。

- **情報の精度向上**：正確な情報が得られ、正確な経営判断が可能になり、信頼性が向上
- **顧客満足度向上**：サービスの質が向上し、長期の顧客維持が可能
- **コミュニケーションの改善**：部門間や社内外のコミュニケーションがスムーズになり、情報共有が効率的に行えるようになり、協力関係が強化

■ 定量的あるいは定性的な投資効果

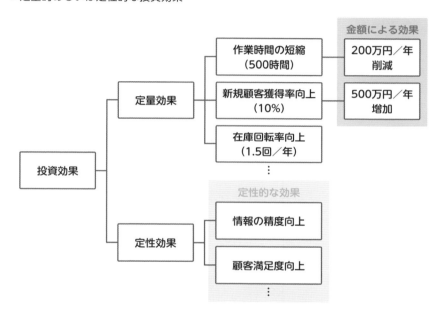

　さらに、経営陣を納得させるためには、自社の経営・事業の目標と、システム開発がそれにどのように寄与するのかを明確に伝えることが重要です。また、リスクや適切な対策についても説明し、納得感を得るよう努めます。

リスク	対策
システムの導入のための工数増加により、業務が一時的に中断される	システムの導入計画を事前に詳細に策定し、業務への影響が最小限になるように計画的かつ段階的に導入する
開発や導入に要する費用が予定を超える	プロジェクトのスコープや予算を明確に定義し、進捗を頻繁に監視する。追加のコストが発生した場合のスコープの見直しを計画に組み込む
不正アクセス、データ漏えい、サイバー攻撃などが発生する	強固なアクセス制御、定期的なセキュリティ監査、従業員のセキュリティ教育を実施する

　投資効果以外にも、次のような内容を伝えることで、経営陣にシステム導入を納得してもらいやすくなります。

- **導入スケジュール：選定したベンダーから提案された導入スケジュール**
- **社内の体制、リソース：システム導入に関わる自社の従業員の役割や責任範囲、作業工数**
- **進捗報告の仕組み：プロジェクト進捗報告の頻度や形式**

まとめ

▷ **システム開発の外注は、中小企業にとって大きなリソースを必要とする重要な決断である。経営陣の理解と支持が成功の鍵となる**

▷ **ベンダー選定後、経営陣に選定理由と費用を明確に伝え、外注の承認を得る必要がある。予備費を加え、予期せぬ変更や追加に備える**

▷ **投資効果はKPIを設定する他に、金額算出や定性効果で示す方法もあり、導入するシステムに応じて使い分ける**

31 ベンダーとの契約交渉や手続きにおける注意点

経営陣から発注先のベンダーの承認を得たら、ベンダーとの契約手続きを行います。ベンダーへ業務を委託する場合は、一般的に準委任契約と請負契約のいずれかの形態で締結します。

● それぞれの契約形態の特徴

　ベンダーとの契約形態として多いのは、**準委任契約**と**請負契約**の2つです。両者の違いを知らないままシステム開発を進めた場合、例えば、次のようなベンダーとの対立事例が起こる可能性があります。

- **成果物に対して固定額の報酬を支払う契約で、追加支払義務はないと考えていたが、ベンダーから所定の工数を超えたという理由で追加費用を請求された**
- **納品物に不具合がある場合は無償で直してもらえると考えていたが、ベンダーから問題なく所定の工程を終えたという理由で、不具合の修正には追加費用が必要だと言われた**
- **再委託は想定していなかったが、ベンダーは無断で再委託し、成果物の品質が低下した**

　なぜこのような対立が起きるのか、特徴の違いがわかれば理解できます。次の表は、準委任契約と請負契約の違いを表したものです。なお、法律上の原則を基に記載していますが、**契約書に別途条項が定められている場合はそちらが優先される**ため、すべての状況に当てはまるわけではありません。

■ 準委任契約と請負契約の主な違い

| | 準委任 | | 請負 |
	履行割合型	成果完成型	
概要	委託者が受託者に特定の事務作業を委託する	同左	請負人が仕事を完成させる約束をし、注文者が報酬を支払う
報酬の対象	業務の履行そのもの	業務の履行により得られる成果	仕事の完成
報酬の支払時期	業務を履行した後	成果の引渡しと同時	仕事の目的物の引渡しと同時
仕事の完成義務	完成義務は負わない（ただし善管注意義務を負う）	同左	完成義務を負う
契約不適合責任	契約不適合責任を負わない（善管注意義務違反があった場合には、債務不履行責任を負う）	同左	契約不適合責任を負う（発注者は修補や損害賠償を請求できる）
再委託の可否	否	同左	可

COLUMN　善管注意義務と契約不適合責任

　善管注意義務とは、善良な管理者の注意をもって委任事務を処理する義務のことを言います。準委任契約では、成果物の完成義務はありませんが、ベンダーの義務は軽いというわけではありません。ベンダーは善管注意義務を負い、一般的な水準の注意を怠ると損害賠償責任が生じます。ITの専門家としてベンダーに業務支援を委託することから、通常の水準を下回る仕事をすれば、義務違反となりえます。

　また、**契約不適合責任**とは、引き渡された目的物が契約の内容に適合していない場合に、売主が買主に対して負う責任のことです。

先述の対立事例は、次のようなすれ違いに起因していたことになります。

■ 対立事例の要因

事例1

成果物に対する報酬が固定だと思っていたので、追加支払義務はないと考えていたが、ベンダーから所定の工数を超えたという理由で追加費用を請求された

・発注側：報酬の対象は仕事の完成だと思っていた（請負）
・ベンダー：報酬の対象は業務の履行そのものだと思っていた（準委任）

事例2

納品物に不具合があるので当然無償で直してもらえると考えていたが、ベンダーから問題なく所定の工程を終えたという理由で、修正には追加費用が必要だと言われた

・発注側：契約不適合責任を負うと思っていた（請負）
・ベンダー：契約不適合責任を負わないと思っていた（準委任）

事例3

再委託は想定していなかったが、ベンダーは無断で再委託し、成果物の品質が低下した

・発注側：再委託不可だと思っていた（準委任）
・ベンダー：再委託可だと思っていた（請負）

準委任契約と請負契約の違いを知らないと、このようなすれ違いが起こる可能性があるので、しっかりと押さえておきましょう。

● 契約書は納得がいくまで交渉する

契約書は、契約時にベンダーから提示される場合がほとんどですが、まずは**準委任と請負のどちらの形態か、注意深く確認すること**が必要です。システム開発は通常複数の工程で実施されます。工程ごとに個別契約になっているケースが多いため、それぞれ適した契約形態となっているかを確認します。

一般的に、ウォーターフォール型開発では、要件定義や基本設計（外部設計）、受入（テスト）・導入支援については準委任契約のケースが多く、詳細設計（内部設計）や開発（製造）については請負契約のケースが多いとされています。また、アジャイル開発ではすべての工程で準委任契約が多くなります（ウォー

ターフォールとアジャイルの違いについてはP.162参照)。

　情報処理推進機構（IPA）では、ソフトウェア開発に関する取引・契約を例として、工程ごとに契約モデル（https://www.ipa.go.jp/digital/model/index.html）を公表しています。必要に応じて参考にしましょう。なお、発注者側に有利な条項ばかりではないので、そのまま利用するのではなく、個別の交渉が必要です。交渉したほうがよい条項には、次のようなものがあります。

■ 個別交渉したほうがよい条項

条項	IPAによる説明
損害賠償の上限額	損害賠償で請求できる金額は、個別契約書の報酬金額を上限として設定されているため、実際の損害がその上限を超える場合、発注者は実際の損害額を請求できない
契約不適合責任の期間設定	契約不適合責任の期間制限が設定されているため、期間を過ぎた場合、契約不適合責任を追及する権利が失われる
再委託先の責任範囲	再委託の責任範囲が故意または重過失がある場合に限られているため、再委託先の落ち度によって損害を被った場合に、責任を追求できない可能性がある

　もし契約書案が提示されないか、提示された契約書案の内容が先述のモデルと大きく異なる場合、その理由をベンダーに確認し、モデルに近い形での合意を目指すための話し合いや交渉を行います。そして、双方が納得できる形で合意することで、プロジェクトをスムーズに進められます。

まとめ

▶ ベンダーとの契約手続きを行う際、準委任契約と請負契約の違いを知らないまま進めるとトラブルになる可能性がある

▶ 準委任契約と請負契約の違いを把握することで、円滑なプロジェクト進行が期待できる

▶ 契約書案の提示がなかったり、内容が一般的なモデルと異なったりする場合は、その理由を確認し、合意形成のための交渉を行う

32 システムにSaaSを導入するときの注意点

近年、業務特化型SaaS（Software as a Service）の利用が中小企業においても一般的となっています。しかし、この種のシステムは基本的にカスタマイズ性が低いため、導入前の試用が非常に重要です。

● SaaSとは

システムの形態に、**SaaS（Software as a Service）** と呼ばれるものがあります。利用するユーザーに対して、インターネットを介してソフトウェアが提供され、有料の場合はサブスクリプションベースで利用料金が請求されることが多いサービスです。

■ SaaS

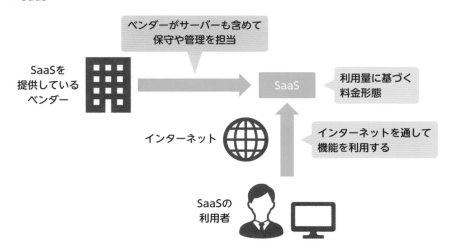

SaaSで提供されるシステムは、オンプレミス環境での利用やパッケージ導入、スクラッチ開発とは異なり、次のような特徴があります。

- ベンダーがサーバーも含め保守・管理を担当するため、自社は利用に専念できる
- スクラッチ開発と違い、すでに構築されたソフトウェアを利用する特性上、自社のニーズに合わせてカスタマイズすることは基本的にできない
- サブスクリプション（月額や年額の利用料金方式）が一般的。利用量に基づいて料金が変動することが多い

業務特化型SaaSの特性

　SaaSでは、勤怠管理や請求書発行、顧客管理などの業務に特化した、業務特化型SaaSと呼ばれるシステムが数多く存在します。独自開発が伴うシステムと比較し、安価で利用できるため、導入を検討するケースが増えています。

■ 業務特化型SaaS

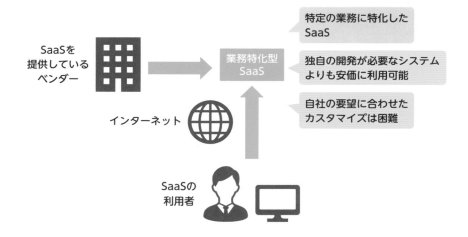

　しかし、この種のシステムは基本的にカスタマイズ性が低いため、**自社の要望通りに変更したくてもできないケースが多い**です。パッケージシステムの中には、アドオン開発やカスタマイズによって、自社の要望通りに独自機能を実現できる製品もありますが、それらと同じようなイメージでいると、システムが適合せず、大きな混乱が生じる可能性もあります。

例えば、人事業務特化型SaaSを導入した場合に、もし自社に次のような業務に特有の要件がある場合、システムが適合しない可能性があります。

- **シフト勤務やフレックスタイムなど、一般的でない勤務体系を採用している**
- **独自の評価や昇進のプロセスを持っている**

　具体的な機能のレベルでは、次のような制限が生じるケースがあります。

- **特定の業務プロセスやワークフローを変更したい場合に、プロセスが固定されており、自由に調整することができない**
- **特定のデータを管理したい場合に、既存のデータフィールドを拡張したり、独自のデータ項目を追加したりすることができない**

● 試用期間に使い倒して運用回避策を事前に検討する

　多くの企業で採用されているサービスだからといって自社にも適合するだろうと安易に考えるのは危険です。自社では一般的だと考えられている要件が、実際は他の会社にはない、独自なものであるケースは多くあります。そのため、本格的な導入作業の開始前に、システムの機能を十分に確認し、現状の業務と合わない箇所についての対応方法を検討することが必要です。

　具体的には、**導入前に試用期間を設けることで、システムの機能の適合性を徹底的に確認します**。そして、使いやすさを確認するような単純な使用だけなく、できる限りの設定やデータ登録を行い、具体的な業務プロセスを再現し、実際の作業を行ってみることで、システムが期待通りに機能するかどうかを確認します。

　なお、すべてのSaaSで試用期間が提供されているわけではなく、一般的な無料トライアルが難しい場合もあります。一部のSaaSでは、デモンストレーションやカスタマイズされたトライアルを提供していますが、これには個別の交渉が必要な場合もあります。

　自社の業務が問題なく遂行できるようであればよいですが、先に述べたよう

な一般的ではない業務だと、システムでは対応できないケースがあります。そのような場合には、運用回避策（システムに合わせた業務変更、外部ツール使用など）を検討します。このような準備をしていれば、本格的な導入作業は混乱することなくスムーズに進み、稼動後も業務が円滑に運営されるようになります。

■ 導入前に業務と適合しない箇所の回避策を検討する

業務とシステムが噛み合わない

試用期間に使い倒して、
運用回避策を事前に検討

業務の変更や外部ツールの使用により、
業務が回るようにする

まとめ

▷ 業務特化型SaaSは特定の業務に特化したシステム利用を安価に提供するが、その特性から導入前の試用が不可欠となる

▷ 自社の業務プロセスとの整合性を確認し、必要に応じて適切な運用回避策を検討することで、スムーズなSaaS導入を行うことができる

失敗事例：正確な比較ができなかったケース

　A社は、新しいWebサイトの開発を外注するため、複数のベンダーにRFP説明会への参加を依頼しました。しかし、「個別説明会」の形式で開催することにより、次のような問題が生じました。

　RFPの個別説明会では、1社ずつのベンダーとの面談が行われました。各ベンダーの理解度や質問の内容に応じて、説明する内容が変わりました。例えば、ある会社はセキュリティに関する詳細な説明を求め、別の会社はデザインの方向性について深く掘り下げました。結果的に、A社は、それぞれの会社に同じ情報を提供することができない状態でした。

　各ベンダーからの提案書が提出されましたが、理解度や知識の水準が不均衡なので、提案の質や適切性に差が生じ、正確な比較や最適な選択が困難になりました。

　この失敗を回避するためには、RFP説明会を合同説明会の形式で開催するか、または個別に提供した情報をドキュメントにまとめて、すべてのベンダーに提示する必要がありました。それにより、提案書を公平に比較し、最適な選択を行うことが可能となります。

■ 失敗事例：提案書の正確な評価ができない

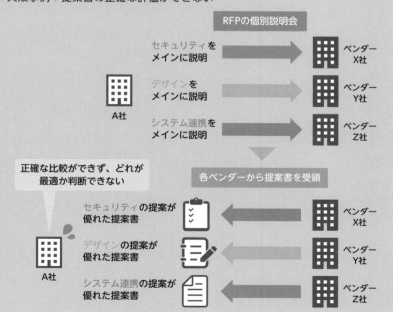

失敗事例：再委託先を無条件に契約してしまったケース

IT業界では、委託先のITベンダーが他のITベンダーへ再委託するケースは一般的です。しかし、再委託先を無条件で契約してしまうと、リスクを招く可能性があります。いくつかの例を紹介します。

事例1：作業品質の低下によるプロジェクト遅延

再委託先の作業品質が委託先よりも著しく低かったため、納品後に多くのバグが発生しました。このため、受入テストがバグの抽出作業になり、当初の目的を果たせませんでした。結果として、プロジェクトは予定よりも遅れることとなりました。

事例2：機密情報の漏えいリスクの発生

委託先がどのようなITベンダーに再委託しているか全くわからなかったため、自社の機密情報がどの程度まで広がっているか把握できませんでした。常に情報流出の不安を抱えながら運用していましたが、再委託先を通知する契約へ変更する交渉を行うことになりました。

事例3：文化や言語の違いによる設計工数の増加

海外の企業に再委託したため、要求仕様の行間を読み取る能力が十分でなく、発注企業側が要求を細かく伝える必要が生じました。これにより、想定以上の工数が必要となりました。また、その地域の祝日や休暇の影響で、システムの稼動時期の調整をせざるを得なくなりました。

これらの事例から明らかなように、再委託にはさまざまなリスクが伴います。対策として、契約書に再委託の手続きを明記することが重要です。事前に契約書の取り決めに従った手続きがされ、発注企業が再委託の実施状況を把握することで、リスクを最小限に抑えることができます。

手続きの記載例には次のようなものがあります。

- 再委託を行う場合、事前に書面で発注企業の承認を得るものとする
- 再委託先が変更される場合、委託先企業は再度承認手続きを行う

5章

ベンダーによる開発

システム外注の流れにおいて、4番目の工程は「開発」です。ベンダーに任せる作業が多い工程ですが、発注側としてどのような点に注意すればよいかを解説していきます。

33　開発手法の種類

システム開発方式には、大きく分けてウォーターフォールとアジャイルの2つがあります。ベンダーは、これらの考え方を基本とした方式で開発の提案をします。ここでは、2つの開発方式の特徴や注意点について説明します。

● 開発手法1：ウォーターフォール

　ベンダー選定が完了したら、いよいよシステムの開発へと進んでいきます。システム開発の基本的な方式には、大きく分けてウォーターフォールとアジャイルの2種類があります。

　まず、ウォーターフォールについて説明します。ウォーターフォールとは、開発工程を順番に1つずつ進めてシステムを完成させる開発手法です。要求提示から本稼動までに必要な工程を順番に進めていきます。**工程が滝のように下に流れていくイメージから、ウォーターフォールと言います**。また、次の図のように、開発前半の設計工程と後半のテスト工程を対比させて、V字モデルと記載することもあります。

■ ウォーターフォール（V字モデル）の工程

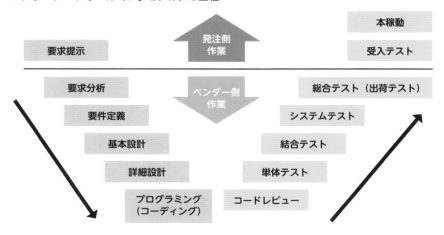

ウォーターフォール開発には、次のような工程があります。また、各工程の終了時には、発注側はベンダーから成果物を受領し、工程が正しく終了したかどうかを判定する終了判定を行います。

■ 工程ごとの主な作業や成果物

工程	特徴	成果物
要求提示	要求をとりまとめる	提案依頼資料
要求分析	主にヒアリングなどを通じて要求を詳細に分析する	議事録
要件定義	・開発内容の基本方針を作成する ・システムのデザインを可視化する	要件定義書
基本設計	基本方針に則った、システム設計をする	基本設計書
詳細設計	プログラム仕様書を作成する	詳細設計書
プログラミング	プログラムを作成する	・開発進捗表 ・プログラム
コードレビュー	正しいプログラムが書けているかを確認する	開発進捗表
単体テスト	プログラムが仕様通りに動作することを確認する	単体テスト結果報告書
結合テスト	単体で作成したプログラムがあるひとまとまりで仕様通りに動作することを確認する	結合テスト結果報告書
システムテスト	機能単位で、システムが仕様通りに動作することを確認する	システムテスト結果報告書
総合テスト （出荷テスト）	システム全体単位で仕様通りに動作することを確認する	総合テスト結果報告書
受入テスト	システムが実運用で利用できることを確認する	―

ウォーターフォールは、納品されたシステムのソフトウェアの品質が高い傾向にあるということがメリットです。

一方で、前工程の残タスクや後になってからの追加要求が発生すると、手戻り作業（前工程の作業のやり直し）が多くなります。これは、完了した工程の内容と不整合がないかを確認したり、一旦納品した成果物を修正したりと、発注側（ユーザー）が考えるよりも作業が多いことが理由です。

また、工程の終盤にならないと、発注側が動作するソフトウェアにさわれな

いため、**操作性の悪さや要求の漏れなどに気づきにくい**という特徴もあります。

● 開発手法2：アジャイル

　アジャイルとは、開発工程を短い周期で繰り返していく開発手法です。要件定義、設計、実装、テスト、評価（一連のプロセスを評価し、次のプロセスに向けて改善すること）を繰り返します。

■ アジャイルの工程

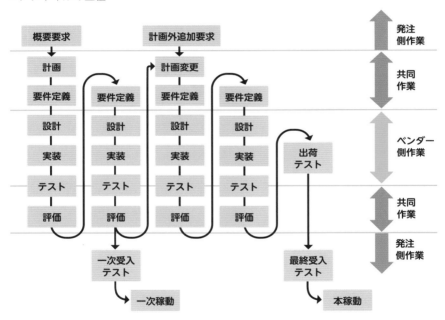

　部分的に開発を進めていくので、一部分であっても、実際に動作するソフトウェアに早い段階でさわれるというメリットがあります。また、軽微な仕様変更に柔軟な対応が可能で、リリースまでの時間が短縮可能であるというメリットがあります。

　一方、問題点としては、プロジェクト期間中にシステムの目的が次々と追加された場合、要件が肥大化（計画外追加要求の増加）してしまい、予定工期内・

予定予算内で収まらなくなってしまうことが挙げられます。また、柔軟な追加要求を受けられるようにするため、ウォーターフォール開発に比べ開発期間の制約が緩い準委任契約が多く、なかなかシステム開発が終わらないリスクもあります。

また、ベンダーが「アジャイル開発は後から追加が容易である」という売り言葉を用いることがありますが、**その裏には「費用や期間を考えなければ」という枕詞がある**ことを忘れないでください。追加の規模感によっては、多くの手戻り作業が発生します。

● 開発手法に適したチェック体制の準備

どちらの開発手法をとったとしても、スケジュール遅延やコスト増大のリスクはあります。リスクを低減させるためには、**各工程で成果物（工程ごとの文書や、動いているソフトウェアなど）を十分にチェックできる体制**をプロジェクト開始前に想定し、準備しましょう。

ただし、ウォーターフォール開発でも、アジャイル開発でも、またはベンダー独自の開発手法であっても、**開発着手前に要求をできるだけ伝えること**がキーポイントであることは変わりません。どんな開発手法をとっても、追加要求はリリースまでの期間の長期化やコストの肥大化につながることは明白です。そのため、ベンダー選定までの段階で、自社の要求を伝えられるように企画や要求定義をしっかりと行う必要があるのです。

まとめ

▷ **工程の終盤で成果物にさわれるウォーターフォール開発と、部分的に成果物にさわれるようにするアジャイル開発のどちらの場合も、成果物のチェックは非常に大切**

▷ **開発手法に関わらず、開発前に業者へ提示する要求のとりまとめ作業が大切である**

165

34 プロジェクトの立ち上げ

開発を開始する際には、発注側でもプロジェクトを立ち上げて、必要な準備を整えていく必要があります。発注側・ベンダーともに、関係者が一丸となって、プロジェクト成功への階段を上りましょう。

● プロジェクト計画書の作成

プロジェクト計画書とは、**プロジェクトを成功に導くために、進め方や管理方法を整理してまとめた資料**です。

小規模な開発であれば、発注後にベンダーから提示されるプロジェクト計画書に沿って必要部分だけ追記することで対応できますが、本来は発注側が主体的にプロジェクト計画書を作成するべきです。体制図や役割分担表、会議体など、必要な内容を設計して記載し、プロジェクトを成功に導いていきましょう。

作成したプロジェクト計画書は、担当ベンダーの確認が必要です。プロジェクト計画書の作成は、**ベンダーとのはじめての共同作業**になります。

● プロジェクト計画書に記載すべき最低限のもの

プロジェクト計画書に記載すべき内容は多岐に渡ります。ですが、時間に制限があったり、ノウハウが不足したりしている場合は、最低限、次の項目を含めた簡略版のプロジェクト計画書を作成しましょう。

- **プロジェクト概要**
- **プロジェクトの開発方針**
- **マスタースケジュール**
- **体制と役割**
- **会議体**

また、プロジェクト計画書はそのままプロジェクトキックオフ（プロジェクト始動時のミーティング）に使えるように整理しておくと、効率がよいです。

● プロジェクト概要

ここからは、先ほど挙げた項目を1つずつ解説していきましょう。

まず、プロジェクト概要には、目的や背景、プロジェクト範囲、注意事項など、**プロジェクトをはじめる前に共通認識としておくべき内容を記載**します。

立派な内容である必要はありません。例えば次のようなことを注意事項として明文化し、共通認識としましょう。

■ プロジェクト概要に記載する注意事項の例

成果物や議事録を確認する

・発言したことは伝わったことにはならない。要望がベンダーに伝わっているかどうか、成果物や議事録はきちんと確認しよう
・成果物や議事録で、指摘事項や質問事項があれば、ベンダーに伝えよう
・会議に参加したメンバーはそれぞれ議事録を確認しよう

プロジェクトメンバーの通常業務の負担を下げる

・プロジェクトメンバーには最低週1日程度の負荷がかかるため、各部門で業務を調整しよう

導入パッケージを理解する

・要件定義の前後で、導入パッケージを操作できる時間を作ろう
・運用を想定できるくらいに導入パッケージをさわろう

● プロジェクトの開発方針

プロジェクトの開発方針とは、どのように開発を進めるかを定めたものです。

定めるものは、開発モデル（ウォーターフォール開発、アジャイル開発など）、開発言語、開発環境（採用フレームワークなど）、開発規約、開発手法、開発

基準、開発管理手法、開発評価方法・基準などが挙げられます。ベンダー選定の際に開発方針まで評価して選定しているので、**基本的にベンダーの提案に沿った開発方針を採用する**ことになります。

● マスタースケジュール

マスタースケジュールとは、プロジェクト全体のスケジュールを表したものです。各工程のスケジュールを可視化し、できるだけ1つでシステム稼動までの全体スケジュールが見えるようなものを作成しましょう。

■ マスタースケジュールの例

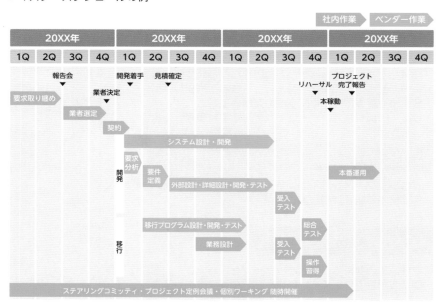

上図の例に記載されているような内容の他に、ベンダーが各工程に入る前の準備作業（意識合わせの会議など）や工程終了後の確認作業（成果物確認など）といった、ベンダーに関係のない工程も含めて記載する必要があります。

また、**マスタースケジュールはベンダーから提示されたものをそのまま採用することが多いです**。ただし、スケジュールが細かすぎたり、発注側の作業が反映されていなかったりすることも多いため、注意が必要です。

● 体制と役割

　プロジェクトの体制図を作成するときには、通常の社内の組織図と同様に報告ルートを意識しましょう。また、自社内の報告ルートだけでなくベンダーとのコミュニケーションルートを明確にすることも大切です。

■ 体制図の例

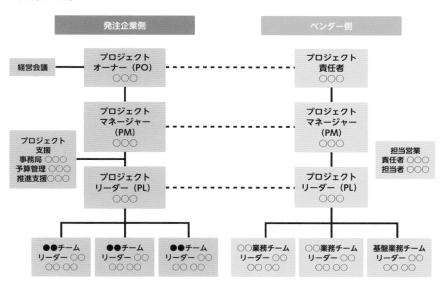

　体制図ではプロジェクトにおける役割も明確にする必要があります。役割を記載するときに**RACI（レイシー）**を意識すると上手に記載できます。RACIとは、誰がどんな役割、責任を持つのかを整理するフレームワークで、次の頭文字をとったものです。

- **Responsible：実行責任者**
- **Accountable：説明責任者**
- **Consulted：協業先や相談先**
- **Informed：報告先**

　役割は、次の例のように表にして、プロジェクト計画書に記載します。

■ 役割表の例

役割名	主な作業内容
プロジェクトオーナー (PO)	・投資判断や体制変更などの最終意思決定 ・体制変更や成果物、進捗の最終承認
プロジェクトマネージャー (PM)	・プロジェクト全体統括 ・社内(経営層含む)における各種調整 ・各種進捗管理、課題管理、リスク管理 ・成果物の承認
プロジェクトリーダー (PL)	・PMの全般的なサポート ・各工程における基本方針の策定 ・意思決定のための必要情報収集、整理 ・重要課題、リスクのアラート上げ
プロジェクト支援 (PMO)	・PM、PLの支援およびワーキング実施支援
○○チームリーダー	・各ワーキンググループ (WG) の統括 ・スケジュール調整、課題管理／解決 ・PLへの報告 (課題や問題)
○○チームメンバー (各部門のキーマン)	・各担当範囲に関する部門内の調整 ・新業務や、新たな運用ルールの検討 ・必要情報の提示 ・マスターデータ設定、テスト、ユーザー教育

　ベンダーから提示された工程表を基にして、次のような各工程のRACI表をプロジェクト計画書に記載することもよくあります。

■ 要件定義工程における各作業のRACI表の例

作業	PO	PM	PL	PMO	○○チーム	ベンダー
計画策定	I	A	R	C	C	R
要件定義		A	C	C	R	R
画面・帳票定義		A	C	C	R	R
工程完了判定	I	A	R	C	C	C

　Rが実行責任者、Aが説明責任者、Cが協業先や相談先、Iが報告先を表します。例えば、この表によると、計画策定の工程においては、ベンダーとPLが実行責任者、自社の各チームやPMOが協業先・相談先、PMが説明責任者、POが報告先となっています。

● 会議体

プロジェクトで開催する必要がある会議体も、プロジェクト計画書に記載します。会議体は、実施サイクル、主催、議事録担当、参加者（必須および任意）について記載します。

次の表は、最低限必要な会議体と、その記載例です。

■ 最低限必要な会議体と記載例

会議体	実施サイクル	主催	議事録担当	参加者	参加者（任意）	内容
ステアリングコミッティ	1回／月	PO	PMO	PO、PM、PL各チームリーダー	ベンダー	各工程の承認・判定、コストおよび期日の変更決定
開発定例会議	1回／2週	PM	PMO	PM、PL、各チームリーダー	メンバー、ベンダー	進捗報告、重要課題検討・報告
個別WG（システム会議）	1、2回／週（必要時）	チームリーダー	ベンダー	ベンダー	PM、PMO	各WGとベンダー間における進捗共有、課題・リスクの検討
課題解決社内会議	必要時	PL	各メンバー	PL	PM、各WGメンバー	課題検討・解決の検討
PMO定例	隔日	PMO	PMO	PMO、PL、PM	―	日々の課題共有及び問題解決への検討

5

ベンダーによる開発

● その他にプロジェクト計画書に記載すべきもの

これらの他に、用語辞書（P.034参照）も作成し、プロジェクト計画書に記載する必要があります。

進捗管理方法や品質管理方法、リスク管理方法などの基準や方法の記載も必要ですが、記載するためにはノウハウが必要です。**無理して実現できないことを記載する必要はありません**。このあたりはベンダーに任せるようにしましょう。

また、プロジェクトを進める上では、さまざまなツールを利用して課題管理や進捗管理をしたり、Web会議を活用して移動の手間とコストを削減したりすることが多くなります。そのため、Web会議ツールや課題管理ツール、日々のコミュニケーション用のチャットツール、ドキュメントを共有するためのツールなどといった、**プロジェクト内で使用するツールの名前と利用方法や利用時のルール**なども記載しましょう。

● プロジェクトキックオフ

体制や役割分担、スケジュールなどが決定したら、プロジェクトキックオフを実施しましょう。時間は30分程度でも構いません。作成したプロジェクト計画の説明、ベンダー採用経緯の説明、採用ベンダーからの挨拶などを行います。

プロジェクトキックオフは、プロジェクトメンバーの全員参加が必須です。昔は、メンバー全員が大会議室に集合し実施しておりました。しかし、Web会議が浸透したいま、場所の制約がなくなったため、開催の手間が少なくなっています。

失敗事例：スケジュールを可視化しなかったケース

　首都圏を中心に30店舗程度を展開するA社では、店舗管理システムを含む基幹システムの入替を、中小規模のシステム開発会社B社へ外注し、開発しました。プロジェクト責任者を双方の経営のトップが担い、開発は順調に進んでいました。A社プロジェクトメンバーは、B社からの依頼に従順に従ってプロジェクトを進め、大きな不具合もなく完了しました。A社社長から、開発が完了した翌月1日よりシステムを稼動させるよう指示がありました。プロジェクトメンバーはその指示に従い、各店舗へシステムを展開し、稼動初日を迎えました。

　ところが、稼動と同時にシステム担当窓口に問合せが殺到し、朝8時からパンク状態になりました。質問内容は、初歩的なシステム操作がほとんどでした。9時30分ごろからシステム操作が原因で業務に滞りが発生し、顧客を待たせているとの報告が社長に伝えられました。A社社長は、店舗統括責任者と連絡して状況を確認し、10時30分に新システムの利用の停止を決定し、旧システムでの運用の指示をしました。

　この失敗事例では、A社社長の性格も影響していますが、A社プロジェクトメンバーの主体性もなく、B社に言われた通りに作業すればシステム稼動には問題ないと考えていました。一方で、B社も大企業の下請けの仕事が多く、システム全体の稼動までの経験が非常に少なかったため、A社に適切な助言ができていませんでした。

　開発完了後から稼動までに教育や現場での訓練が必要でしたが、両者とも開発に注力したあまり、教育や訓練まで考慮できなかったことも原因です。開発開始前に稼動までのスケジュールを作成しないといけないにも関わらず、B社にはそれを提案するノウハウがなく、A社プロジェクトメンバーもB社に依存してしまっていました。

　また、A社社長は開発完了すれば即座に稼動できると認識していたことも、混乱を引き起こした原因の1つでした。事前に開発後のスケジュールを可視化していれば、店舗への操作説明の期間が必要だと、A社社長も気がついたはずでした。

まとめ

▶ ベンダーが提示するプロジェクト計画書を鵜呑みにせず、発注側が主体的に計画書を作る

▶ プロジェクト計画書には、最低でもプロジェクト概要、開発方針、マスタースケジュール、体制と役割、会議体、使用するツールの記載が必要

35 要件定義工程で注意すべきこと

多くの場合、開発の最初の工程が要件定義です。ベンダーにとっては、受注した開発内容の要求項目の詳細を把握するための工程です。ここでは、要件定義工程において発注側が注意すべきポイントについて解説していきます。

● 要件定義とは

　要件定義工程は、ベンダーが主導して発注側の要求を把握し、開発に必要な要件を決め、発注側の同意を得る工程です。開発するシステムが実現可能・運用可能であることを裏づける工程でもあります。

■ 要件定義

ここでは、要件定義を進める際に意識すべきことについて解説します。

● 事前に要求内容を共有する

　要件定義工程の開始前に、要求定義（P.096参照）で作成した**ベンダーに対する要求内容を、プロジェクトメンバーで共有する**必要があります。

　ベンダー選定作業から参画しているメンバーであれば、要求内容を把握できているはずですが、この段階ではじめて参画するメンバーはその限りではありません。ベンダーとの要件定義打ち合わせの際に、社内での認識のズレが発覚し、「こんなはずではなかった」と会議進捗が止まらないように、ベンダーとの

直接協議の前に社内で意思統一をしましょう。

■ 要求内容を改めて共有する

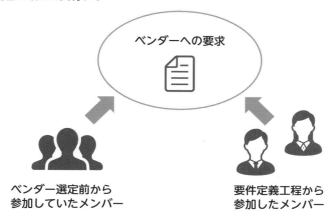

要求内容の認識を合わせる

　その際に要求の抜け漏れが発覚するかもしれません。システムの目的と照らし合わせて重要性を確認し、追加要求する判断も必要です。もしくは、実現性や有効性が低い要求が含まれていることに気づくかもしれません。**場合によっては要求を取り下げる**こともあります。

　また、多くの場合、システム導入により業務を変更することになります。業務変更の結果、他部門間での業務自体の受け渡しが発生することで、責任部署が変わることがあります。これが問題となり、ベンダーとの要件定義打ち合わせ中に、部門間の議論が勃発してしまい、工期に影響が出ることもしばしばです。工期に影響がないようにするためにも、新システムへの要求内容は、事前に社内で共有しておきましょう。

● 安易に追加の要求をしない

　ベンダーとの接触がはじめてのメンバーが多くなると、各所で「この機能ができるなら、こんな機能もどうだろうか」と要求の声が上がることもあります。当初は気軽な相談のつもりだったとしても、いつしか相談が要求に切り替わってしまう恐れがあります。

ベンダーは、プロジェクトメンバーと険悪な関係になりたくないので、簡単に「できます」と回答します。ですが、その回答には**「お金をかければ」「納期を半年延ばせば」「運用を工夫すれば」という言葉にしない前提が存在する**ことが大半です。

　また、ベンダーは、「要求の実現のための工期交渉や金額調整をする発注元の担当者は、要件定義チームのメンバーではない」と判断していることが多いため、その場で費用や納期の話をしません。そのため、追加の要求にはいっそう注意が必要です。

　要件定義の打ち合わせの際に、追加要求となりそうな事柄が出てきた場合は、「プロジェクトの範囲内で実現可能か」という協議だけではなく、「**予算および工程内での対応が可能かどうか**」を見極めることが重要になります。

■ 途中で追加の要求をした場合

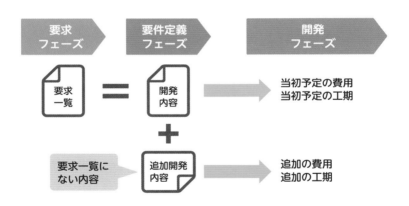

　システム開発に携わった経験が少ない人は、予算やスケジュールの意識が低いことがほとんどです。よって、追加要求に伴って、追加コストとスケジュール遅延が発生する認識がなかったり、そもそも発言した内容が追加要求であると認識していなかったりすることもよくあります。プロジェクトメンバーの誰かが悪者になる勇気を持って、「**それは追加要求なので、このプロジェクトでは実現できない**」という旨を、追加要求してきた人に都度都度伝える必要があります。この役割を軽視してしまうと、**結果としてプロジェクトにおける、予算オーバーやスケジュール超過につながります。**

● ベンダーに要求詳細や背景をきちんと伝える

　ベンダーのシステムエンジニア（SE）はあくまでもシステム構築のプロであり、業務のプロではありません。そのため、発注側はベンダーに対して**自社の業務内容と背景を丁寧に説明する**ことが必要です。担当SEに業務内容を理解してもらい、事前に提示している要求の詳細な想定や背景を説明しましょう。また、構築後のシステムのイメージを持って、業務上実現可能かを検討しましょう。

● システム構築後の運用イメージを持つ

　要件定義後は、発注側は大まかに運用のイメージができる程度に、実現するシステムの全体像とその詳細を理解している必要があります。システムそのものの不具合修正は、システム開発のプロであるベンダーに任せればよいのですが、運用に関わる要件の誤りは、ベンダーにはどうすることもできません。

　また、ベンダーの目的はシステムを開発することです。要件定義でベンダーが作りやすいものを提示してくることがありますが、実際に運用可能かどうかの判断は、発注側でないとできません。**システム構築後の運用イメージが持てるようになるまで、議論するようにしましょう。**

● ベンダーとのやりとりを効率よく行う

　発注側とベンダーとの打ち合わせで疑問が生じたら、その場で質問して解決することも大切ですが、時間には限りがあります。打ち合わせとは別に**Q＆Aシート**（質問と回答を表形式で管理するドキュメント）などを使って効率よく質問することで、ベンダーとのやりとりを密にし、信頼関係を構築しましょう。文章でのやりとりは面倒ではありますが、誤解が少なくなります。信頼関係が上手に構築できれば、プロジェクトが成功する確率は格段に高くなります。

■ Q&Aシートでベンダーに質問する

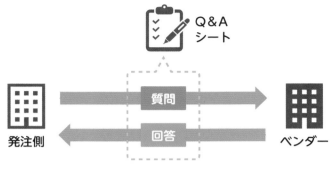

質問と回答を効率的にやりとりする

● 打ち合わせの時間を意識する

　打ち合わせ中に、当初の想定とは別にベンダーに聞きたいことがあふれ出してしまうことがあります。それらの質問にベンダーが回答していくことで、本来打ち合わせで確認したかった内容が確認できず、全体の進捗が遅れて予定したスケジュール内に収まらなくなってしまうというリスクがあります。工期の延長の原因になることも多いので、打ち合わせでは必要な確認を時間内に終えられるようにしましょう。例えば、会議の主催者から開始時にゴールを明確にしたり、30分ごとに話す内容の大まかなテーマを事前に設定したり、20分ごとにタイマーをセットして進捗を確認したりします。

● 現状の業務を是としない

　プロジェクトメンバーの中には、現状の業務への固執が見られる方がいることがあります。そうした人は、新システム導入の目的を理解していないことがほとんどです。特に、パッケージ採用が前提の場合、現状の業務を変更するという前提に立っていないと、どうすることもできない状況に陥ることがあります。場合によっては、プロジェクトの検討メンバーから外すことも検討しましょう。

● 細かな要件の取り下げはコストダウンにならない

　コストの制約から、要求を取り下げる必要がある場合があります。その際、要求する収容機能の中から小さな要件を細かく取り下げても、必要な主要機能の数が変わらない場合は、作成するプログラムの数が変わらないことが多いため、大幅なコストダウンにはつながりません。

　ですが、主要機能を丸ごと1つを取り下げることで、プログラムの数が削減できた場合は、コストダウンにつながります。コストダウンを検討する際は、作成するプログラムの数を意識したうえで、要求のコントロールができるとよいでしょう。

■ コストダウンのための主要機能削減

主要機能A	主要機能B
~~・要件A-1~~	~~・要件B-1~~
・要件A-2	~~・要件B-2~~
・要件A-3	・要件B-3

 主要機能の数は変わらない
▼
 コスト変化なし

主要機能A	主要機能B
・要件A-1	~~・要件B-1~~
・要件A-2	~~・要件B-2~~
・要件A-3	~~・要件B-3~~

 主要機能の数が減る
▼
 コストダウン

まとめ

▷ **要件定義でスコープを広げないために、事前に発注側で要求の共有が大切である**

▷ **工程後には構築後の運用イメージを持てる程度までシステムの全体像と詳細を理解しておく必要がある**

▷ **ベンダーと信頼関係を構築するため、密にコミュニケーションを取る。Q＆Aシートなどを使って、密度を上げる**

▷ **パッケージ採用が前提の場合は、現状の業務手順に固執してはいけない。業務の目的を意識する**

36 設計・テスト工程は監視するつもりで行う

基本設計工程・テスト工程は、報告だけが続くことがあり、ベンダー側からは「問題ありません」という報告に終始してしまうこともあります。信頼ある報告を受けるためにどのような内容報告を要求すればよいのでしょうか?

● 設計・テスト段階における成果物

　要件定義が終わったら、ベンダー側でシステムの設計 (基本設計および詳細設計)、開発 (プログラミング・コーディング)、テストの工程へと進んでいきます。

　ウォーターフォール開発モデルを採用したとき、一般に想定されるベンダーからの成果物の内容は次の通りです。

■ ウォーターフォール開発における成果物

工程	ベンダーからの提出される想定成果物
基本設計	・基本設計書
詳細設計	・詳細設計書 (DB レイアウトやプログラムごとの詳細設計書)
コーディング・テスト	・進捗報告 ・テストシナリオ ・バグ報告

● 工程の進み具合が確認できるエビデンスを報告してもらう

　工程の途中では、ベンダーからは、**工程の進み具合がわかるエビデンス**を提出してもらいましょう。そして、できるだけ成果物に直結するもの (設計書やテストシナリオの一部など) を要求しましょう。

　工程完了時には、成果物を一括で受領して確認しないといけませんが、多くの場合、確認作業が予定期間内に終わりません。期間内に終わらせる準備のために、工程中に作成途中のものをレビューする機会を設けましょう。

想定成果物がない工程（アジャイル開発におけるコーディング工程など）でも、WBSによる進捗報告ではなく、実作業内容のレビューや画面コピーといった、発注側が理解できるもので報告をもらうべきです。

また、はじめてシステム開発に関わるメンバーは、すぐに成果物を理解できず、内容把握に時間と手間がかかることが多いので、成果物を少しずつ提出してもらって、慣れていきましょう。

例として、ウォーターフォールでの開発プロセスを採用した場合、各工程で発注側が意識することは次の通りです。

■ ウォーターフォール開発の各工程において意識すること

工程	発注側が特に意識すること
設計 （基本設計／詳細設計）	・要件定義で決めた機能が網羅されているか ・部門間に渡る業務が問題なく回るか ・操作性に問題はないか（「一覧画面に項目の抜け漏れがないか」「業務上理解しづらい画面遷移になっていないか」「マウスやキーボードによる操作がスムーズにできるか」など）
コーディング・テスト	・バグ数の発生数と解消数、バグの原因が報告されているか ・期間内に作業が完了できるか

● 工程ごとの課題管理表を作成する

工程内で発生した問題は、課題として報告してもらいましょう。そして、その問題を一緒に解決する姿勢を見せることが必要です。

例えば、ベンダーから「要件定義の段階では対応可能と考えられていた機能が、実装段階において対応できないことが発覚した」という課題が報告されたとします。その場合は、運用で回避するか、機能を分割して実装をお願いするかなどを、ベンダーと一緒に協議して解決しましょう。

また、工程内で発生した課題は工程内で解決し、その内容を工程ごとの**課題管理表**に可視化して残しておきましょう。

課題一覧表を作成し、文章化（可視化）および明確化をした上での協議は、発注側とベンダーとの間ですれ違いを起こさないためにも必要です。口頭のみでのやりとりは、勘違いや認識の誤りの基になり、言った言わないの議論や喧嘩になることもあります。

発注側が課題と認識しているものと、ベンダー側が課題と認識しているものが、必ずしも一致しないことも注意が必要です。そのため、社内の課題（ベンダーへ回答するための部署間の協議事項や詳細調査内容など）も課題管理表に記載することをおすすめします。ベンダーから思いもよらない支援を受けられることがあります。

中には、解決への糸口がつかめない課題が出てきます。そういったケースは、運用回避（システム外でExcelなどを利用して運用すること）になることが多いです。

■ 基本設計時の課題管理表の例

No	起票日	起票者	内容	担当	回答内容	回答日	完了
1	YYYY/MM/DD	ベンダーA	代引き手数料のロジックが業者によって異なるが、詳細の資料が欲しい	発注企業側A	別途メールにて通知	MM/DD	完
2	YYYY/MM/DD	ベンダーA	材料廃棄ルールの詳細資料をください	発注企業側B	とりまとめ後メールで送付いたします	MM/DD	中

● テスト工程のバグ数に振り回されない

テスト工程では、ベンダーが作成したテスト計画を確認し、定義されたテスト対象、テストケース、テストデータ、テスト環境などに大きな欠落がないかを確認することが重要です。すべてのテスト仕様を確認することはおすすめしませんが、重要な機能や仕様の理解が不安な機能のテスト仕様に限定して確認するようにしましょう。

また、バグ報告は、後から発生率や収束率などを時系列に分析できる数字をもらいましょう。その際、発生原因もあわせて報告してもらいます。

ただし、バグが多いからといって最終納品物の品質が悪いとは限りません。また、1つ1つのバグの内容を精査してベンダーを問い詰める必要もありません。**大切なことは、予定期間内で開発が完了すること**です。

バグの報告は、テストの工程ごと（単体テスト、結合テストなど）で次のようなグラフに表されます。時間が進むにつれて、バグの累積数と解消数の差が次第に収束していきます。

■ バグの累積数と解消数のグラフの例（工程ごと）

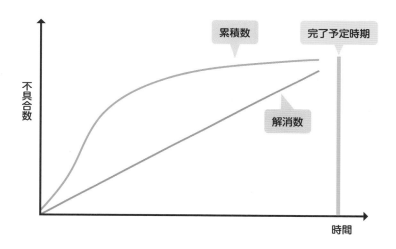

バグの数、内容、原因、修正完了の報告は、開発ベンダーの責任者が、顧客である発注側に対して誠実であることの表れと解釈できます。しかし、それを理由に工期延長の申し出をされる場合があります。その場合は、バグの発生頻度と収束率を精査し、申し出があった延長期間で終了するかを確認する必要があります。

バグの収束は、Excelの近似曲線機能などを活用し、発生数や対応時間などを日々管理して予測します。バグの発生数が異常な状態に陥ると、脱出が困難になります。もし、近似曲線の傾きが正から負になる見込みがない場合は、プロジェクトの中止を判断する必要があります。

■ バグの発生が異常なケース

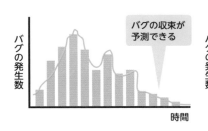

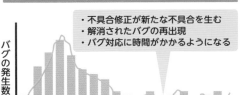

● ベンダー開発期間は受入テストのシナリオを作成する

　先述のように、開発工程では、ベンダーの作業進捗を管理することが発注側の主な作業ですが、この期間を使って発注側で実施しておくべき作業があります。それが、**受入テストの準備**です。ウォーターフォール開発を採用した場合、ベンダー側の基本設計作業の開始と同時にはじめる必要があります。

　受入テストのシナリオ（P.197参照）は、要求定義の際に作成した業務フローを参考にして作っていきます。

　要件定義中に、発注側でシステムに適した業務フローを作成できている場合には、受入テストのシナリオ作成は容易です。場合によっては、その業務フローを受入テストのシナリオにしてしまうこともできます。

まとめ

- ▶ 作業の進み具合を確認できるエビデンスを受領する
- ▶ 課題管理表で課題を可視化する
- ▶ 発生バグ数とその内容に振り回されないで、期間内に開発が完了するかチェックする
- ▶ ベンダーが開発している期間に、受入テストのシナリオを作成する

37　各工程の終了判定では手を抜かない

ウォーターフォール、アジャイルともに、工程が移るときには終了判定をしましょう。判定内容は、担当ベンダーや開発手法によって異なります。また、スムーズに次工程につなげるためには、課題管理（＝残件管理）や問題管理が必要です。

● 工程の終了判定

　工程の終了判定を意識していないプロジェクトは、世の中に数多く存在します。中規模・小規模のプロジェクトでは、そもそも工程があるようでないことが多いですが、規模感に関係なく、システム開発プロジェクトにおいて、工程の終了判定は非常に大切です。

■ 工程の終了判定の流れ

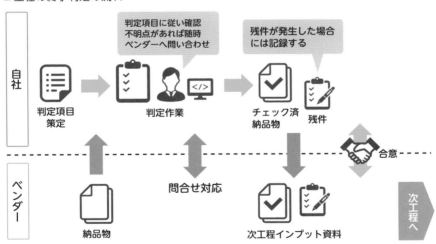

● 事前に判定項目を決める

　工程終了の判定項目は、本来はプロジェクト計画時に決めるものです。遅く

とも、新たな工程に入る前には、終了判定項目は決定しておく必要があります。

　しかし、中小企業の場合、知見がたまるほどのシステム構築プロジェクトを経験しているわけではないので、事前に決めておいた判定内容と実態がブレることがよくあります。各工程におけるベンダーからの報告を参考に、判定項目を修正し、適切な終了判定をしましょう。

■ 発注側企業としてよくある終了判定の項目例

工程	例
基本設計	・要件定義に対して、網羅性が確保されていること ・機能の整合性があること ・運用想定ができること ・残課題がある場合には、次工程で対応できる目途がついていること
詳細設計	・基本設計に対して、網羅性が確保されていること ・操作想定ができること ・残課題がないこと
コーディング・テスト工程	・基本的に残件がないこと ・残不具合があっても次工程に影響がなく改善の目途がついていること

● 判定には時間と手間がかかる

　発注側は各工程を判定するための体制準備が必要です。機能要件は業務担当者が判定、非機能要件はシステム担当が判定を実施します。ただし、通常業務に加えて終了判定を行うことになるので、作業負荷はプロジェクト会議に出席する程度では済まなくなります。**担当者には大きな負担がかかる**ということを認識しておきましょう。

　場合によっては、ベンダーから提出された成果物の読み合わせやレビュー、判定という作業が数日間連続することもあります。その期間内に、疑問点や不整合、不具合などを洗い出し、解決するぐらいの気構えが必要です。

　各工程の成果物を理解するのは時間がかかります。しかし、ベンダーから提案されたマスタースケジュールは、発注側の確認作業期間が加味されていないことが多いので注意が必要です。例えば、「要件定義3カ月、翌月から基本設計」というスケジュールの提案において、要件定義書の作成に3カ月を想定しており、発注側の確認作業期間をとっていないこともよくあります。

● 課題は次の工程には持ち越さない

課題は次の工程には持ち越さないことが原則です。もし原則から外れてしまう場合は、プロジェクトとしてPMとPL（場合によってはPOも含む）が納得した状態で、持ち越すようにしましょう。

場合によっては、ベンダーが課題や問題点を意図的に次の工程へ持ち越すことがあります。ベンダーは、解決への段取りや見込みが不透明にも関わらず、検収（＝売上）が欲しいために完了報告の承認を要望してきます。その場合は、プロジェクトとしてどのように対応するべきか、発注側としてしかるべき権限者とともに協議しましょう。

● 開発を中止する勇気が必要なこともある

次の工程に移る際に、当初の目的からズレるような開発となっていたり、要件定義で定めたことがきちんと開発されていないことが判明したり、ベンダーの力量が見えてシステム導入の実現が不可能と判断したりすることがあります。本来はおすすめはしませんが、大幅な追加コストや工期延長が想定された場合、プロジェクトスコープの縮小の判断や、プロジェクト中止の判断を検討しましょう。

まとめ

▸ 事前に工程ごとの判定項目を決める

▸ 判定には手間と時間がかかるので期間と体制をしっかり準備する

▸ 課題を次工程に持ち越さないことが原則

▸ 工程判定時に開発を中止する勇気も必要なことがある

38 追加開発の判断基準

パッケージの採用を決定したプロジェクトでは、要件定義後に追加開発が発生することが多くあります。本節では、パッケージを採用したケースにおける、追加開発の判断基準について説明します。

● 追加開発の種類

パッケージ（P.017参照）のソフトウェアにおいては、要件定義後に追加開発が必要になることが多々あります。追加開発する場合は、大きく分けて**パッケージ本体のプログラム（ソースコード）を直接変更して対応する場合**と、**追加部分のプログラムのみを開発する場合**の2種類の対応があります。

パッケージ本体のプログラムを修正する場合、修正内容にもよりますが、ほとんどの場合、作り直しと同じことになります。そのため、開発費・保守費のアップと、開発期間の長期化が想定されます。

一方、パッケージが元から開発の追加を想定している場合は、追加部分のみのプログラムを変更して業務に合わせます。また、プログラムを全く変更しないで追加開発に対応できるように作っているパッケージもあります。その場合の追加開発したソフトウェアは、ベンダーごとに「アドオン」「アドイン」「カスタマイズ」「外づけ」などさまざまな呼び方があります。

■ 追加開発の種類

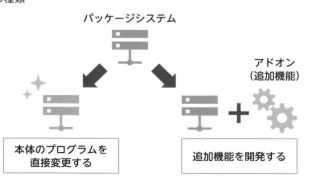

パッケージシステム

アドオン
（追加機能）

本体のプログラムを
直接変更する

追加機能を開発する

それぞれの方式には、次のようなメリットとデメリットがあります。

■ 直接変更と追加開発

方法	影響範囲	メリット	デメリット
プログラムを直接変更する	ソフト全体	・要望に合わせられる	・ベンダーを変更できない状態（ベンダーロックイン）になりやすい ・開発／保守コストが高くなる ・標準機能が使えなくなる場合がある
プログラムそのものは変更せず、本体外で追加開発する	開発部分のみ	・パッケージ本体入替がしやすい ・メーカー提供の機能バージョンアップを適用しやすい	・業務に工夫が必要 ・融通が効かない

◉ 追加開発ではなるべく本体プログラムを変更しない

　直接プログラムを変更する場合、発注側は簡単な変更に感じていても、かなり大きな金額の見積が出てくることが多くあります。例えば、「入力エリアを1つ追加する」という修正は、容易に感じられますが、パッケージソフトの根幹に関わるような改修になってしまうことも多く、信じられないような金額（ほぼ全機能を網羅したテストをする金額）が見積もられることもよくあります。そのため、**パッケージソフト本体のプログラムを変更するような追加開発は、できるだけ避けましょう。**

　また、パッケージのプログラムを直接変更すると、コストがかかるだけではなく、**プログラムの複雑化**にもつながります。追加開発後も、追加機能についての資料は残るため、その機能の内容については理解できるでしょう。しかし、後から資料を読んだ人が、追加開発が必要になったビジネスの背景まで理解することは困難です。さらに、ベンダーも担当者の離職などにより、徐々に追加開発した機能に対する知見が減っていきます。そのため残念ながら、プログラムを直接変更したパッケージはほとんどの場合、自分たちでも理解不能となり、複雑怪奇なものに仕上がってしまいます（ブラックボックス化）。

　パッケージのプログラムを直接変更するのではなく、本体外で追加開発ができれば、最低限、パッケージ本体のブラックボックス化は避けられます。

● 追加開発は定量的に評価する

追加開発が必要かどうかを判断する際は、効果を定量的に評価し、開発を決定する必要があります。大切なことは**人件費に換算すること**です。

例として、次のような追加開発の効果を定量的に検討する場合を考えます。

■ 追加開発の検討例

カスタマイズA

エラーがない状態での3人体制で2日間かかっていた作業が1時間で完了し、追加の作業が発生しない

アドオンB

正確性の向上により、エラー対応に2週間かかっていた作業がなくなる

カスタマイズC

必要な部署に効率的に正確なデータが共有され、2部署間でそれぞれ
1件あたり5分かかっていたデータ（1日40件）の確認時間が必要なくなる

システムや業務の前提条件は、次の通りであると考えます。

- **稼動と同時にリリース予定**
- **5年の利用期間を見込む想定**
- **現場従業員の月稼働は20日、日稼働は8時間と想定**
- **年収420万円程度の担当者の作業が削減される**
- **420万円／年÷12カ月÷20日と計算し、1人1日分（人日）の人件費を1万7500円（時給2187.5円）と想定**

こうした状況において、追加開発の採用を検討する際は、次の表のように検討を行います。

■ 追加開発の試算例

項目	削減効果時間 （月単位）	削減人件費 （5年間）	開発・保守費 （5年間）	投資効果 （5年間）
カスタマイズA	削減時間： 6日間／月 追加時間： 1時間／月	削減額： 1万7500円×6人日× 12カ月×5年＝630万円 追加額： 2187.5円×12カ月×5年 ＝13万1250円 最終削減額：約617万円	初期開発費： 300万円 保守費： 3万円／月×12カ月× 5年＝180万円 計：480万円	約617万円-480万円＝約137万円
アドオンB	削減時間： 10日間／月	削減額： 1万7500円×10人日× 12カ月×5年＝1050万円	初期開発費： 400万円 保守費： 4万円／月×12カ月× 5年＝240万円 計：640万円	1050万円-640万円＝410万円
カスタマイズC	削減時間： 5分×2部署×40件×20日稼働＝約16日／月	削減額： 1万7500円×16人日× 12カ月×5年＝1680万円	初期開発費： 300万 保守費： 3万円／月×12カ月× 5年＝180万円 計：480万円	1680万円-480万円＝1200万円

このように、削減できる時間や金額を定量的に評価し、追加開発の必要性を検討しましょう。

◎ 本稼動前の追加開発は費用・納期に直結する

本稼動前の追加開発は開発費用のアップや保守料のアップに直結しますが、工期にも影響します。場合によっては、半年以上の工期延長が必要になることもあります。費用だけではなく、納期にも気をつけましょう。

5

ベンダーによる開発

● 追加開発は極力しない

追加開発前提のパッケージでなければ、基本的には追加開発はおすすめできません。追加開発を極力しないためには、**発注側のPMやPLが追加開発しないという姿勢を明示する**ことや、**プロジェクト計画書にその旨を記載することが大切**です。それにより各プロジェクトメンバーは、安易に追加開発の提案をする判断を避けて、運用で工夫する姿勢につながります。また、本当に必要であるときには、声が上がるようになります。

また、パッケージの追加開発が推奨されていない場合は、「標準機能のみできちんと運用できている会社が他にある」ということです。自社で必要性のある機能の多くは、すでに他社でも求められており、実は別の機能で補填できる可能性があるということも忘れないでください。

● 追加開発が多くなることはベンダー選定の失敗

要件定義後、想定していない追加開発が多くなるということは、ベンダー選定の失敗であると判断できます。標準機能では不十分で、業界・業務に合っていないパッケージということなので、場合によってはプロジェクトを中止させましょう。

まとめ

- ▶ **できるだけプログラムを変更しない開発を選択する**
- ▶ **追加開発は複雑怪奇なシステムへの入口**
- ▶ **できるだけ本体外での追加開発で、後から理解しやすいものを作る**
- ▶ **追加開発が多くなることは、ベンダー選定の失敗であり、プロジェクトの中止も視野に入れる**

失敗事例：なかなか資料が出てこなかったケース

　システム開発の丸投げは、プロジェクトを成功させる上で大きなリスクを伴います。ここでは、その一例を紹介します。

　中小企業A社が新しい業務システムの開発を外部のベンダーB社に委託しました。しかし、プロジェクトがはじまる際、関連する要件や設計に関する詳細な資料の準備が不十分であり、具体的なシステムの機能や発注側の要件についての明確な説明が欠如していました。そのため、B社は自力でこれらの情報を入手する必要がありました。

　B社は、既存システムの文書や資料を詳細に分析し、そこから必要な情報を抜き出したり、簡単なプロトタイプや模擬的なシステムを作成したりしました。そして、作成した模擬的なシステムをA社の担当者に実際に操作してもらうことで、要件や期待が具体的になるように示すことを試みました。しかし、A社からは成果物へのフィードバックなどの関与を十分に得ることができず、B社はなかなか要件を明確にすることができませんでした。

　その後、特定の利用部門から提示された要件が、他の部門から提示された要件と矛盾するなど、A社全体で要件の整合性が整理されていないケースが多数発生していました。

　B社に適切な情報を提供しなかったことで、A社は困難に直面することになりました。システムの要件をB社に正確に理解してもらうことができず、開発の方針が確立されるのに多くの時間が費やされました。そのため、プロジェクトの進捗は予定よりも大幅に遅れ、最終的には製品の品質が低下しました。

　この失敗事例から明らかなように、システム開発の丸投げは失敗につながります。適切な情報や資料の提供は、プロジェクトの成功に不可欠であり、それらが行われない場合、予期せぬ問題が発生する可能性があります。適切な要件定義、コミュニケーション、検証など、発注企業の主体的な関与が必要です。

5

ベンダーによる開発

A社は、パッケージベースのカスタマイズを、長年取引しているB社に発注しました。B社はたまたまA社が要望する分野のパッケージを保持していました。

　発注元A社のプロジェクト担当者は、開発会社B社からスケジュール通りに順調に進んでおり問題がないと、週次報告を受けていました。

　B社からの開発完了の知らせをもって、A社が次工程の受入テストを実施したところ、多数の仕様漏れが発見されました。差戻、修正、再納品、再受入テスト、新たな仕様漏れや仕様誤りの発見を繰り返し、いつまで経っても稼動に耐えられるシステムができあがりませんでした。

　要件定義書を確認すると、パッケージ採用を前提とした記載となっていたため、パッケージ機能でカバーする部分の記載がありませんでした。そのため、要件定義書から要望した機能の抜け漏れを確認することができませんでした。また、基本設計書は追加開発やパッケージの修正部分のみの記載になっており、システムの全体機能が把握できませんでした。

　また、プロジェクト担当者は、長年取引しているB社への発注だったので、B社はA社の要求を把握しておりきちんと開発してもらえると信じて、理解できない各工程の成果物を承認してしまっていました。

　本来は、要件定義書が提出されたときに、パッケージが保有する機能の把握が必要であることに気づくべきでした。基本設計工程と並行でパッケージ機能の詳細を把握する必要がありました。

　結局このケースでは、開始から1年で稼動できる予定だったシステムが、パッケージの中身の大改造が必要になり、追加で1年を要して稼動しました。

　このように、各工程での工程判定の手抜きは、大きな追加開発期間と多大な追加費用につながることがあります。

6章

受入と本稼動の準備

システム外注の流れにおいて、5番目の工程は
「受入」です。従業員への教育や、旧システム
からのデータ移行など、システム稼動の準備に
は何が必要かを解説していきます。

39 受入テストの流れと注意点

開発方式にもよりますが、実際に動作するシステムにはじめてさわることができるようになるタイミングが、受入テストです。一般に、このプロセスでさまざまな問題が判明します。

● 受入テストとは

　ベンダーによるシステム開発が完了したら、すぐにシステム稼動となるわけではありません。開発を依頼したシステムが、発注側（自社）が要求した通りの動きをするかを確認しないといけません。その確認をする工程が、**受入テスト**です。

　受入テストは、**開発されたシステムを使って正常に業務ができることを確認するプロセス**です。どの工程も作業負荷はかかりますが、**受入テストが発注側にとって最も作業負荷がかかる工程**です。限られた期間で、システムが使えるレベルにあるかどうかを判断するため、集中して作業しましょう。

　受入テストが大変な理由に、次のようなことが挙げられます。

- **システムがさわれるようになってから、真剣に考え出すメンバーがいる**
- **ベンダーから提示される契約書の雛形では、受入テストの期間が短く定められており、契約後にそのことに気づく**
- **ベンダーの関与度が低下し、発注側が主体性に動く必要がある**

　また、受入テストは、これまでの工程の作業品質の悪さが表面化する工程でもあります。前の工程で問題があると、バグや仕様不具合が混在した状態での受入テストとなり、結果として修正、改修が多発するもぐらたたき状態になってしまうことが多々あります。

● 受入テストの流れ

　ここまでの開発工程の判定と比べて、受入テストは、発注側の主体的な取り組みが求められる工程です。受入テストは、次の図のように、事前準備と受入作業という流れで進んでいきます。

■ 受入テストの流れ

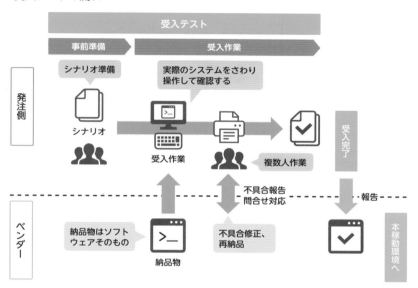

　ここでは、受入テスト時の注意点について説明していきます。

● 受入テストのシナリオは事前に準備する

　シナリオとは、テストの一連の流れのことです。受入テストでは、システムが実際に業務で問題なく使用できるかを確認できるようなシナリオを、発注側が作成しないといけません。

　受入テストの成功・失敗は、**事前にシナリオを準備できるかどうか**に左右されます。受入テスト期間に入ってから、シナリオ作成に着手すると、システム機能に左右されたシナリオになってしまい、業務に合っているかを判断できないことが多くなります。そのため、5章でも説明しましたが、**開発工程で発注**

側の手が空いている間に、受入テストのシナリオを作りましょう（P.184参照）。

■ 受入テストのシナリオはベンダーの開発工程中に作成する

　また、ベンダーによっては、受入テスト工程で発注側に対する適切な支援を行わないケースも存在します。そのため、**受入テストでの体制についても、シナリオと同様に受入テストが近くなってから作るのではなく、要件定義や基本設計後に準備をはじめましょう**。受入テストは発注側が主体となり、短期間に複数人で実施する必要があるため、事前に体制を整えておきましょう。

● 発注側がシナリオを作ることが重要

　開発工程でベンダーから提出されるテスト内容・結果を、そのまま受入テストに活用することはおすすめできません。ベンダーの視点からシナリオが記載されているため、ベンダーで実施したテストを発注側でもう一度実施するだけになってしまいかねないからです。記載方法を参考にするのはよいですが、シナリオは発注側自身が作成するようにしましょう。

　シナリオは、プロジェクトメンバーの業務担当者が作成することをおすすめします。システム担当者がシナリオを作成すると、実務を詳細に把握していないため、業務上の抜け漏れが発生し、失敗することが多いためです。

● 受入テストがうまくいかないときの原因とその対策

受入テストを実施すると、「要件定義時の検討内容や要求仕様と違う」「想定した動きと違う」など、さまざまな「こんなはずじゃなかった」の声が上がります。原因は、発注側にある場合とベンダー側にある場合があります。

問題がある場合の多くは、要求がベンダーに伝わっていないことが原因です。ベンダーは多くの場合、発注側の要求に対応できるような準備をしています。ですが、ベンダーは発注側企業の業務をすべて理解しているわけではなく、要求を基に議事録や仕様書に記載した内容をシステム化します。そのため、ベンダーに要求を正しく伝えることはとても重要です。

原因に関わらず、問題が発生したときは、ベンダーに申し入れをして、改善策を練ることが必要です。

ここで、受入テストがうまくいかないケースについて、原因がベンダー側にある場合も含めて、いくつか例を紹介します。

● 事例1：システムが動かない

受入テスト開始時にまともにシステムが動かないことがあります。環境設定などを変更すると解消されるケースがほとんどですが、まれに不具合（＝プログラムのバグ）が多すぎて、テストが進まないことがあります。

不具合が多い場合、原因はベンダーにあります。納期に合わせるため、**十分なテストが行われていない**、あるいは行われていたとしてもバグの解消には至っていないことが原因です。

本事例を解決するには、いったんベンダーに差し戻して、もう一度テストをしてもらいましょう。

● 事例2：処理が遅くまともに業務ができない

処理に時間がかかりすぎてしまい、まともに業務ができないシステムになっていることがあります。

この場合、問題の原因は発注側にあります。多くの場合、発注側が**要求定義**

や要件定義で提示すべき処理量などが、ベンダーへ正しく伝わっていないようです。ベンダーは、要求された処理と提示されたデータ量に合わせて、システムを設計しプログラミングをします。要件定義時に提示した想定データ量が誤っていると、システムの能力を超えた処理になってしまい、テストでも時間がかかりすぎてしまうことがあります。

■ システムの処理能力を超えてしまう

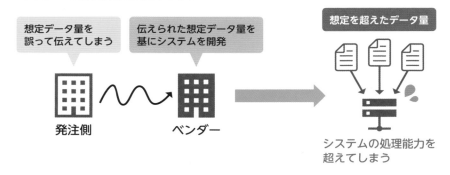

ただし、システム設計においては、必要な事項をベンダーが主体的に発注側へヒアリングし、必要な情報を入手する義務もあります。そのため、一概に発注側が原因とは判断できません。

本事例を解決するには、大幅なシステム改修が必要なことが多いため、発生している事象を正確にベンダーに伝えて、対策を練りましょう。

● 事例3：システムの動きが想定していたものと違う

システムの動きが想定と異なる場合、原因は発注側にあります。この場合も、大抵は**要求が伝わっていない**ことが原因です。

パターンとしては、要件定義時や基本設計時の会議を通して、発注側は要求を伝えたつもりになっており、ベンダーから提出される議事録や工程ごとの成果物の確認を怠った、という場合が多くあります。

この問題の場合は、簡単に修正できるものとできないものに分けられます。ですが、簡単に修正ができるものであっても、修正の量が増えてしまうと、ベンダーはこの段階では十分な工数を確保していないため、結局は修正できなく

なってしまいます。

　本事例を解決するには、口頭のみの報告やクレームだけではなく、作成した文面をベースに、ベンダーと対面で1つ1つ対策を練ることが大切です。

● 開発失敗が発覚するのもこの工程

　前工程がうまくいっているように見えたとしても、実際はうまくいっていない場合は、受入テストで必ず問題が発生します。問題が表面化すると、受入テストでは問題にひたすら対応しなければならず、終わらないもぐらたたきのような状態になってしまいます。

　実際に開発の失敗が発覚する工程は、この受入テスト工程であることが多いです。追加対応の大きさ（スケジュール遅延と追加コスト）を見て、場合によっては稼動を延期したり開発を中止したりすることを検討しましょう。

● 追加要求は受入テスト後に検討する

　要求時期から受入時期までの期間に、システムに要求される項目が追加されることが時々あります。その場合は、受入テスト完了後に検討しましょう。納品されたソフトウェアを変更することには違いありませんが、受入テスト中に追加要求があると、修正担当のプログラマーも受入作業担当者も混乱します。本来は、設計ができるSEを入れて、プログラムの修正の方向性を決め、修正を行うのが正しい手順です。そのため、受入テスト中に新たな要件を追加をすることはおすすめしません。

まとめ

- ▷ 受入テストは、シナリオの作成や体制準備など、積極的に主体性を持って実施する
- ▷ 受入テストの結果によっては、稼動延期や開発中止を判断することも必要

40 教育に必要な資料を作成する

システムの利用者に向けた操作教育や資料作成は本来、発注側自身が行う必要があります。操作説明書はベンダーの成果物に含まれることが一般的ですが、教育にあたってはそれとは別に、業務手順書の作成が必要です。

● システム利用者に向けた教育

システムを実際に使用してもらうには、使用する人に対して操作を教える**教育**の工程が必要です。教育のフェーズは、大きく次のように分かれます。

■ 教育フェーズ

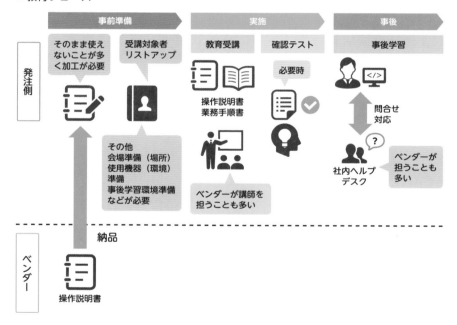

● 操作説明書と業務手順書

　システムの操作方法を説明する資料としては、ベンダーから**操作説明書**が納品されます。しかし、そのままでは教育用の資料としては使用できないことがほとんどです。操作説明書の内容は、システムの基本的な操作や機能に関することが大半ですが、実際の業務においては、発注側独自の要件や業務フローに合わせた運用方法が必要になるからです。

　そこで、教育に必要となる資料が**業務手順書**です。操作者がシステムを操作できるようにするためには、ベンダーから納品される操作説明書だけではなく、**シーンごとにシステム操作および現場の業務が記載された業務手順書が必要**であり、それは発注側が作成する必要があります。

　ここからは、業務手順書を作成する際の主な注意事項について説明していきます。

● 加工可能な状態で操作説明書を受領する

　業務手順書は、ベンダーから納品される操作説明書を基に作成することが多いです。そのため、**操作説明書は、手元で追記や加工ができる状態（PowerPointやWord、Excelのファイルなど）で受け取りましょう。**

　なお、ベンダーが作成した操作説明書に含まれているシステムのスクリーンショットは、サンプルデータを表示させた状態で撮影したものなので、業務の実態と異なることがほとんどです。操作説明書としてそのまま使用すると、誤解を生むような画面となっていることがあるため、システム利用者に提供する際には、スクリーンショットの差し替えが必要です。

　また、操作説明書を最新の状態に保つことも、発注側の仕事に含まれることがあります。その場合、システムのバージョンアップによって機能変更があれば、記載内容も変える必要があります。

● 操作説明書や業務手順書の作成メンバーを固定する

操作説明書や業務手順書は、システムの利用者（エンドユーザー）が読みやすくするために、表現などを統一します。そのため、最初は担当者を1人に固定して作成にあたるべきです。複数人だと表現がバラバラになり、理解しづらくなってしまいます。

● 業務手順書の作成範囲は限定する

業務手順書は、**すべての機能に対して作る必要はありません**。システムメンテナンス用の機能や、限られたユーザーしかさわらない機能は、ベンダーからの操作説明書を有効に活用することで、業務手順書の作成する範囲を少なくしましょう。

● その他の注意点

その他に、業務手順書を作成する際に注意すべき点としては、次のような点が挙げられます。

- **システム専門用語は、エンドユーザーが理解しやすいように説明・定義する**
- **エンドユーザーがシステムで問題に遭遇した場合、どのようにトラブルシューティングを行うかを理解できるように、その手順や問題解決のヒントを含めた資料にする**
- **エンドユーザーからのフィードバックを積極的に収集し、不明瞭な点や追加のサポートが必要な部分は資料を改善する**

失敗事例：教育支援が契約外だったケース

　全国に支店・支社を展開するＡ社では、約1年をかけた基幹システムの開発プロジェクトが進行していました。開発の終盤にさしかかる時期に、教育の準備がほとんどできていないことにプロジェクトマネージャーが気づきました。Ａ社では、システム稼動のために、3カ月間を教育やデータ移行にあてるようなスケジュールを想定していました。

　プロジェクトマネージャーが、開発担当であるＢ社の責任者に教育の準備について確認したところ、Ｂ社では検討をしていないことがわかりました。契約範囲が開発工程までであったため、Ｂ社には教育支援を担う認識がありませんでした。実際にＢ社からの提案書や見積書を確認すると、確かに教育支援の記載はありませんでした。また、首都圏だけで事業を行っているＢ社は、Ａ社の全国に散らばった拠点への訪問による操作教育を3カ月間で行うことは現実的ではありませんでした。

　Ａ社がＢ社に提示した提案依頼書には、教育の提案をしたり、見積に含めてもらったりするように記載していませんでした。しかしプロジェクトマネージャーは、契約に拠点への個別訪問によるベンダーによる教育が含まれていると思い込んでいました。

　そこで、改めてＢ社に教育をお願いしたところ、6カ月の期間がかかると言われました。講師の準備・教育資料作成・会場調整・教育実施・事後フォローなどが必要とのことでした。

　Ａ社はＢ社からの提案を受け入れ、データ移行などの本稼動準備期間を勘案し、稼動を半年先延ばしにしました。

　このようなことがないように、提案依頼書には教育・訓練の記載が必要です。また、開発会社から提出される初期の提案では、教育やデータ移行は別途協議の上契約や見積としていることが多いため、注意しましょう。

まとめ

▶ **ベンダーから提供される操作説明書では不十分なことが多い**

▶ **ベンダーからの操作説明書を参考にしながら、自分たちオリジナルの業務手順書を作る**

41 教育を実施する際の注意点

エンドユーザーへのシステムの操作教育には、集合形式やWeb形式で実施したり、対象者をキーマンに絞ったり、自己学習環境を準備したりと、さまざまな工夫が必要です。ここでは、教育の実施について解説していきます。

● 教育の実施方法

システム稼動に伴って必要となる教育は、基本的に発注側で実施する必要があります。教育の実施方法には次のような方法があります。

■ 教育の実施方法

教育方法	対象	概要
キーマン教育	一部	代表の人に操作を教えて、その人から必要な人に必要な内容を伝達してもらう（実機による研修が多い）
実機による集合研修	全従業員	一同に数十人を集めて、実機を利用して操作説明を行う
座学による集合研修	全従業員	一同に数十人を集めて、資料配布し、プロジェクターに資料やシステムを投影して、操作説明を行う
Web形式による集合研修	全従業員	Web会議の画面共有を利用して、操作説明を行う
自己学習による研修	全従業員	オンラインコンテンツや配布資料を活用して操作方法を自己学習する

　全国各地に営業所や店舗があり、教育のために十分な人員が割けない場合には、現地訪問による教育をベンダーに依頼することもあります。運よく、業務に関心を持つ人がベンダーの教育担当になっていればよいのですが、基本的には、ベンダーが興味を持っているのは、発注側企業のビジネスの成功ではなく、システムが稼動することです。そのため、ベンダーからの教育は、システムの操作説明に関する教育のみになると理解しましょう。

次の表は、各教育方法のメリットとデメリットを示したものです。

■ 教育の実施方法のメリットとデメリット

教育方法	メリット	デメリット
キーマン教育	・教育の手間と時間がかからない ・比較的、資料の準備が少なくて済む ・運用開始後にユーザーをサポートできるメンバーが増える	・キーマンの選定を間違えるリスクがある ・キーマンに負荷がかかる ・隅々まで教育が行き届かないことがある
実機による集合研修	・実機をさわることにより理解度、習熟度が上がる ・その場で疑問点が解消できる	・事前の準備の負荷が高い ・場所のコストがかかる可能性がある ・集合した従業員間での運用の協議になってしまい、予定通り進まないことがある
座学による集合研修	・手間と時間が比較的かからない	・システムにさわれないため、理解度が個人によってバラバラになりやすい ・集合した従業員間での運用の協議になってしまい、予定通り進まないことがある
Web形式による集合研修	・研修の手間と時間が比較的かからない ・受講場所で自由にさわれるシステムを準備することにより、理解度、習熟度が上がる	・Webで参加すること自体が目的になってしまい、理解度が個人によってバラバラになりやすい ・隣同士の話ができないため、実際の集合研修より、理解度、習熟度が上がらない可能性がある ・受講確認の手間が比較的かかる
自己学習による研修	・研修の手間と時間が比較的かからない ・受講場所で自由にさわれるシステムを準備することにより、理解度、習熟度が上がる	・受講（聞くこと）が目的になってしまい、理解度が個人によってバラバラになりやすい ・その場で疑問点が解消できない ・受講確認の手間が比較的かかる

なお、ベンダーからの提案は、上記の表にもある、手間がかからないキーマン教育が多いです。

● 教育中の質問に対応する

　教育中には、操作の質問から派生して、運用上の質問やさまざまな要望が出てくることがあります。それらの質問の多くは、要件定義などの工程で、事前に検討や考慮した内容であることがほとんどです。

　しかし、想定外の質問も出てきます。想定外の質問にその場で適切な回答をしようとして時間を使うと、本来の教育の進行がストップしてしまうことがあります。場合によっては、教育が進まないことで「こんなシステムは使えない」といったクレームになることもあります。

　そのような事態を避けるためにはどのような点に注意すればよいか、これから説明していきます。

● 教育期間に運用上の問合せ窓口を作る

教育期間は、質問を受けられるような体制を作りましょう。

　もしベンダーに教育をお願いする場合は、操作以外の質問に対応できるよう、社内の担当者が立ち合うか、自社で問合せ窓口を設置しましょう。

　ベンダーは、操作の質問には回答可能ですが、実際の業務における運用上の質問には回答できないため、注意しましょう。ベンダーが、運用上の質問に対して中途半端な回答をしてしまい、現場に混乱をもたらしてしまうという事態はよくあります。

■ ベンダーは運用上の質問には答えられない

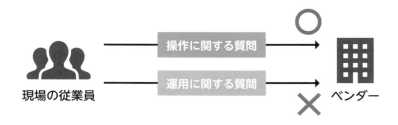

● 教育資料は事前に配布する

教育参加者が事前に教育内容を把握できるように、利用する資料は前もって配布しましょう。ただ、期間が空きすぎてしまうのもよくないので、1週間前ぐらいがよいでしょう。

● 教育記録をとって対象者を明確にする

教育の成果の確認や、対象者の漏れを防ぐために、実施日時、出席者、教育内容などを記録する**教育記録**を取ることも大切です。

特にキーマン教育の場合は、教育対象者の抜け漏れが発生しないよう、キーマンから伝達すべき対象者を厳密に明確化する必要があります。

また、複雑な操作が求められるシステムや、ミスが許されないシステムにおいては、習熟度や理解度のテストなどを実施することも検討するとよいでしょう。

● 自由に使える環境を解放する

システムの習熟度を上げるために、**全員が自由に使える環境を準備する**ことも大切です。

システムの習熟度は人それぞれ異なります。そこで、予習・復習をするための自由にさわれるシステム環境の準備が必要になります。教育後〜システム本稼動の期間に、操作ができる環境が本番環境しかないという状態にしてはいけません。

COLUMN　失敗事例：こんなはずではなかったと教育時指摘されたケース

　本稼動の準備は、受入テスト、教育、データ移行、リハーサルといった段階を踏んで、最終的な本稼動に至ります。その中で、教育の工程は一見すると比較的リスクが少なく、取り組みやすい段階に思えるかもしれません。ですが、実際には想定外の事態が発生することがあります。ここでは、1つの事例を紹介します。

　中小企業A社では、最初のうちは順調にプロジェクトが進行していました。各段階での作業は予定通りに進み、関係者間のコミュニケーションも円滑でした。要件定義では関係者が意見を交換し、それぞれの期待やニーズが明確になりました。開発段階では、ベンダーが期限を守りながら作業を進めていました。また、テスト段階でも問題が発生することなく、予定通りのスケジュールで進行していました。この段階までは、プロジェクトチーム全体が一丸となり、ベンダーを含め信頼関係が構築され、期待通りの成果が得られると考えられていた中で、教育がはじまりました。
　教育の段階に入ると、重要な機能が抜け落ちたり、不必要な機能が実装されたりしているといった声が上がりました。また、業務に支障が出るといった理由で、システム導入自体に反対意見が出て、頓挫してしまいそうな状態になってしまいました。

　この問題の背景には、要件定義の段階で利用部門のキーマンを参加させることができず、合意形成を行わなかったことがあります。キーマンとは、単にその部門の実務の知識・手続きに詳しいだけでなく、部門内での影響力が強く、リーダーシップを発揮できる人物です。例えば、声は大きいが部門を代表するような意見は出せなかったり、業務知識が偏っていたりする人は、キーマンとはいえません。
　プロジェクト開始前には、利用部門のキーマンを特定し、要件定義で合意を得ることが重要です。最初はキーマンに気がつかない、または見つけるのが難しい場合があるので、日ごろから利用部門の現場の人々とのコミュニケーションが大切です。

まとめ

■ 教育はできるだけ発注側で実行する

■ ベンダーに任せる場合には、教育期間は問合せ窓口を作る

■ 教育資料の事前配布、教育対象の明確化、教育記録も取る

■ 習熟度を上げるために、自由に使える環境の準備が必要

42 データ移行はもう1つの 大きなプロジェクト

データ移行の成功は、システム稼動成功の半分を占めるといわれることもあります。
システムの稼動より難しい場合も多く、旧システムと新システムが別のベンダーの
ときは、ベンダー間の打ち合わせに発注側が介入する必要があります。

● データ移行

　データ移行とは、旧システムから新システムへ必要なデータを移動させるこ
とです。旧システムが存在する状態で新しいシステムを稼動させる際には必要
な工程です。

　データ移行範囲は、ベンダーへの提案依頼書（P.120参照）を作成するとき
に大枠を決めます。また、旧システムと新システムで担当ベンダーが異なる場
合は、新しいシステムの開発を担当するベンダー（新ベンダー）だけではなく、
現行のシステムを担当したベンダー（旧ベンダー）へも、事前に協力を依頼す
る必要があります。

■ 旧システムと新システムでベンダーが異なる場合のデータ移行

　**データ移行費用はプロジェクトの4分の1から3分の1程度になる場合もあ
ります。** 新ベンダーからの提案書では別途検討となっていたり、見積に反映さ
れていなかったりすることも多いので、注意しましょう。

● データ移行のプロセス

データ移行のプロセスは、通常のシステムの開発プロセス（P.162参照）と同様で、要件定義～テストの工程を進めていきます。データ移行の各プロセスも、システム全体の開発プロセスと並行して走らせます。

新旧で異なるベンダーが関わるケースは特に注意してください。旧ベンダーへの作業依頼が必要になる場合は、プロジェクト開始前に旧ベンダーに協力を依頼し、次の図のように新旧ベンダーで並行してデータ移行のプロセスを進めます。

■ 新旧のベンダーが関わるデータ移行の流れ

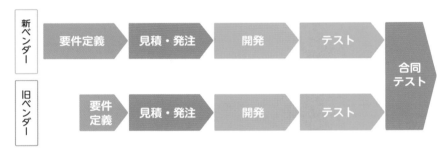

また、新旧のシステムでデータ構造は異なることが多いため、データの出力側システムと受け手側システムも、それぞれ専用のプログラム開発やツールを使ったデータ変換が必要になることがあります。データ移行についての細かい調整は、新旧のベンダーに任せるしかないのですが、必要なデータが移行されないことを避けるため、**打ち合わせには発注側も参加する**ことが必要です。

旧ベンダーにデータ移行の依頼ができないというケースは、よくあります。その際は、旧システム上に準備されたデータ抽出機能を使うことが多いです。ただし、抽出したデータが新システムにとって正しいデータかどうかの判断は、新システムのベンダーにはできません。そのため、**抽出データのクレンジング作業**（重複確認作業や不整合チェックなど）は発注側が実施しましょう。

● データ移行はデータの特性と移行時期を考える

マスターデータとトランザクションデータ（P.109参照）は、それぞれ移行時期を**一括移行**と**差分移行**に分けて考える必要があります。トランザクションデータの移行は、必要性とコストのバランスを検討し、中小企業のシステム稼動においては、実施しない傾向にあります。次の表は、マスターデータとトランザクションデータの移行時期における特徴を示したものです。

■ データの特性と移行時期による対応の違い

	一括移行	差分（段階）移行
マスターデータ	・直前一括移行の実施は少ない ・本稼動よりかなり前に行うことが一般的 ・制御フラグなどの設定が、新旧システムで異なることが多く、データ移行前後にメンテナンスが必要なことが多い ・切り替え前まで手作業で新システムと旧システムの同期を取ることが多い	・移行してから本番までにメンテナンスが必要なことが多く、差分で段階的に移行することは少ない
トランザクションデータ	・直前に一括で実施するには、データ量が多すぎ、時間がかかってしまうため、移行時をシステム停止日にして、対応することがある	・月単位での移行が多く、直前月のデータは稼動後の月中に行うこともある ・そもそも旧システムのシステムの仕組みや運用上の制限により差分移行ができないことも多い

新・旧システムを並行稼動させる場合や、マスターデータを先行して移行する場合には、新システムと旧システムの同期を取るため、両方のマスターデータのメンテナンスが必要な場合があります。ただし、人の手で実施すると、どうしても誤りが発生するリスクがあります。そのため、事後チェック体制の整備や、自動で同期するシステムの構築を検討しましょう。また、新システムで管理項目を追加していることが多いので、設定項目の抜け漏れがないことの確認も大切です。

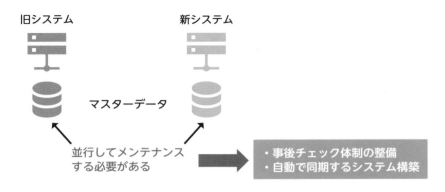

■ マスターデータを並行してメンテナンスする

旧システム　　　　　　　　新システム

マスターデータ

並行してメンテナンス
する必要がある

・事後チェック体制の整備
・自動で同期するシステム構築

要件定義時にデータマッピング表を作成する

　旧システムと新システムのデータ項目の対応が明示された表を、**データマッピング表**と言います。データマッピング表を作成するには、新システムと旧システムのデータ構造を把握しているメンバー同士で検討しないと、抜け漏れが出てくる可能性があります。

　データマッピング表の作成には、当然旧システムのベンダーの参画が必要になります。データは発注側のものですが、データ構造はベンダーのものだからです。もし、データベースそのものをベンダーに開示してもらったとしても、詳細な分析が必要となってしまい、結果として移行ができなくなってしまうことがあります。特にトランザクションに関するデータは移行が難しいことが多いため、旧ベンダーの協力が不可欠です。

スクラッチ開発におけるデータ構造の決定時期

　スクラッチ開発（P.017参照）の場合、新システムのデータ構造が決まる時期が、要件定義よりも後の、基本設計（P.180参照）の工程になる場合があります。場合によっては、詳細設計やプログラミングの工程でも変更が加わり、最終的に新システム側でデータ構造が決まる時期が受入テスト直前になることもあります。

ただ、新システムのデータ構造の決定を待ってしまうと、プロジェクトの遅延につながります。データ移行の際には、旧ベンダー、新ベンダーと共に、プロジェクトの進行が遅れないような実現的な計画を立てる必要があります。

そのため、**要件定義や基本設計の工程で、データの受け渡し方法や形式、内容をしっかりと決める必要があります**。新システムでのデータ構造が決定したら、それを基に旧ベンダーにデータ出力を担ってもらいます。

● 本番のデータ移行の前に仮データ移行を行う

恐ろしいことに、ぶっつけ本番のデータ移行を試みるプロジェクトがありますが、システム稼動直前のデータ移行はできるだけ避けるべきです。そのためには、最低限、**仮データ移行**のフェーズを入れるようにしましょう。

仮データ移行では、本番のデータ移行と同じ環境で移行作業を行い、データ移行の手順や必要な時間を計測します。また、仮移行したデータを活用して、リハーサルや操作説明などの稼動準備を行うことが効率的です。

また、直前に大規模なデータ移行が発生する場合は、数回の仮データ移行だけでは十分でないと判断し、データ移行のリハーサルを実施することがあります。リハーサルは、曜日や日付、時間帯まで、実施環境と同じ環境で行います。システム稼動初日と仮定して、リハーサルを実施することもよくあります。リハーサルを行う際は、当日の緊急連絡先や稼動中止判断フローも準備した状態で、数回実施します。

稼動直前のデータ移行のトラブルは、システム稼動の延期につながるため、仮データ移行やリハーサルを活用し、スムーズにデータ移行が進むように準備しましょう。

● 移行範囲を局所化する

移行するデータとして、すべてのトランザクションデータを対象とすると、ゴミデータ（入力ミスによるデータの残りや、意図しないフラグが立っているデータ）まで移行されるリスクが増えます。そのデータによって、新システムが正常に動かないことがあるので、**移行範囲を局所化する**ことも大切です。場

合によっては、システムが入れ替わることによって、捨てるべきデータもあります。

● データ移行の失敗はシステム全体の失敗

データ移行が失敗し、システムが稼動できないと、システム全体も失敗と評価されてしまうことがあります。よって、データ移行は、慎重・確実に作業を進める必要があります。

本稼動直後にデータ移行の失敗を判断できればよいのですが、失敗だったと気がつくのは、稼動してから数週間後ということもあります。原因がうまく片づくことも多いですが、運が悪いと、リカバリー作業や修正プログラムの乱打戦に突入してしまい、担当者への大きな負荷になってしまうことがあります。場合によっては次のシステムまで引きずることもあるので、そうならないようにデータ移行には細心の注意を払いましょう。

まとめ

▷ 旧システムが存在する場合、新システムへのデータ移行が必要

▷ 旧システムと新システムでベンダーが異なる場合は、旧システムのベンダーに協力を依頼し、新旧ベンダーで並行してデータ移行を進める

▷ 仮データ移行やリハーサルを実施することで、データ移行がトラブルなく進むようにする

43 部門ごとに運用確認する

複数部門を跨いだシステムや、複数部門を跨いで複数システムを同時に稼動させる場合には、部門ごとに運用確認が必要です。利用人数が多く、データの流れが複雑な場合には、実際にシステムを操作する従業員を巻き込んで実施しましょう。

● 運用確認

　受入テストの確認や操作の習得を確認する意味で、実際にシステムを操作する各部門の従業員に、システムを業務で運用するための確認を行う、**部門ごとの運用確認**の実施は非常に大切です。部門ごとの運用確認を行わないと、システム稼動の最終確認のために全社を通しての運用確認（全体リハーサル）を実施したときに、各部門でデータの受け渡しがうまくいかなくなり、問題が起こることがあります。

　受入テストの目的は、「**要求通りにシステムが動くか**」であり、「**納品されたシステムが業務に使えるか**」という視点とは異なります。

　新システムを業務に使えるようにするのは、実際に新システムを操作する従業員です。現場の従業員は、旧システム稼動中もそのシステムを使えるようにするために、周辺でさまざまな作業をしているはずです。そのため、旧システムが新システムに置き換わったとき、新システムを業務で使えるように周辺業務を変更しないといけません。

■ システム変更に伴う運用の変更の例

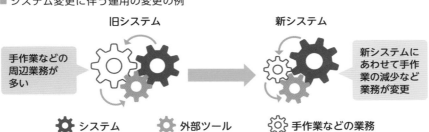

旧システム　　　　　　　　　新システム

手作業などの周辺業務が多い　　新システムにあわせて手作業の減少など業務が変更

システム　　外部ツール　　手作業などの業務

● 受入テストのシナリオを流用して運用シナリオを作る

部門ごとの運用確認を行う際も、受入テストと同様に、**運用のシナリオを作成する**と効果的です。受入テストのシナリオの中に、手作業による分岐などを追加して、業務上網羅性のあるシナリオを作成しましょう。

運用のシナリオを作成したら、シナリオに沿って部門ごとに運用の確認をしてもらいます。可能であれば、運用のシナリオに従って実際に実施したことを、現場の従業員に追記、提出してもらいましょう。

PMは、運用確認の実施／未実施の管理をする必要があります。新システム稼動時に問題が起きても手遅れにならないように、「事前にシステムを確認してください」と、実施を督促してください。部門ごとの運用確認を実施することで、各部門で新システムの運用ができることを確認しましょう。

● 運用確認の実施後に出てきた問題に対する対処

運用確認によって、受入テストがまともに行われていないことが判明したり、不具合や仕様漏れが発覚したりすることもあります。また、パッケージ導入（P.017参照）の場合は、この段階で設定漏れや設定ミスが見つかることが多くあります。

この段階では、すでに受入工程は完了しているため、ベンダーは開発体制を縮小しており、課題に対して即時に対応できる体制ではありません。そのため、**課題や問題に対して、優先順位をつけて対応する必要があります。**

場合によっては、稼動時期の遅延につながる問題になることもあるので、注意してください。システムの改修ではなく、運用で回避ができるのであれば、システム改修を要する課題や問題の解決は後回しにすべきです。

中小企業では、1人の担当者が複数の業務を担っているので、特定の人に負担がかかることが多く、ケアが必要です。また、業務単位処理、日次処理、週次処理、月中締め処理、月次締め処理などに区分けして運用確認を実施するように指導するなど、負担がかからないようにしましょう。

● システムそのものの運用確認

業務に大きく関わる部分の運用以外では、システムそのものの運用確認も必要です。例えば、次のような点を確認するようにしましょう。

■ システムで確認が必要な点

項目	確認すること
ログ	・操作ログがとれており、監視ができているか ・不正ログが検知でき、アラートが上がるか
バックアップ	・バックアップが取れており、復元できるか
セキュリティ	・パスワード保護に問題がないか ・不正アクセスを検知し、アラート通知されるか

まとめ

▷ **部門ごとの運用確認は、受入テストとは別に必要**

▷ **PMは、実施の管理を行い、実施の督促を行うことが必要である**

▷ **ベンダーは体制を縮小しているので、解決には優先順位をつける。場合によっては運用回避ができるのであれば、解決は後回しにする**

44 全体リハーサルで 最終確認を行う

システム上、データが適切に流れることを確認することはベンダーの責務です。しかし、業務上必要なタイミングで必要なデータがサブシステムを含めて一貫して正常に流れることを確認し、運用ができることを確認するのは、発注側の責務です。

● 全体リハーサル

　各部門での運用確認ができたら、いよいよシステム全体での運用確認、つまり**全体リハーサル**を実施しましょう。導入するシステムが単一であれば、比較的簡単ですが、複数になった場合は大変です。最近は少ないものの、全社的にシステムを入れ替えるプロジェクトはまだまだあり、リハーサルが必要なことがあります。

　中小企業では、各部門の業務確認と全体リハーサルを工夫して行っていることが多くあります。

　データの一貫性を確認するために、数種類の伝票を最後まで流してみたり、一部の事業所や一部の店舗だけ一貫した業務の流れの確認を実施したりします。

　また、システム負荷の確認のために、時間帯（1時間〜2時間が多い）を決めて、全社（本社、全事業所、全店舗）でデータ登録やデータ参照、データ集計、出力をしてもらうことがあります。

　全体リハーサルは、「事前準備」「実施」「評価」の順に進めていきます。ここでは、それぞれの段階について説明していきます。

● 手順1：事前準備

事前準備では、全体リハーサルの実施準備として、必要なデータの準備など
を行います。

■ 全体リハーサルの事前準備

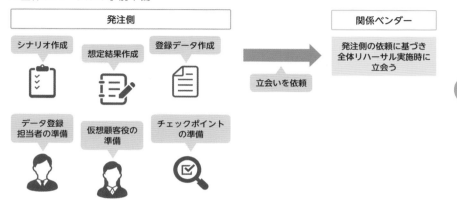

まず、リハーサルでシステムに登録するデータと、それをシステムに実際に
入力する人の準備を進めます。結果を想定して事前にシステムへデータを登録
しておく場合や、入力してもらうデータの内容を入力担当者に配布する場合が
あります。また、通常業務の負荷をシステムにかけるため、自由に登録しても
らうこともあります。

他に、業務に応じて必要な準備があれば整えていきます。例えば、顧客の来
店から業務がはじまる場合には、仮想顧客役の準備もしましょう。

システム間でのデータのやりとりがある場合は、処理途中のチェックポイン
トとして、受領データや処理後データを提出してもらうように準備をしましょ
う。提出されたデータを確認し、システム間で正しくデータが伝達されて処理
が完了していることを確かめます。

また、最終的なデータが正しく処理された結果なのかを確認する手段も準備
しておきましょう。データはさまざまな経路を通るため、事前に準備したデー
タの**最終結果を想定しておく**必要があります。

● 手順2：実施

準備が整ったら、全体リハーサルを実施していきます。

■ 全体リハーサルの実施

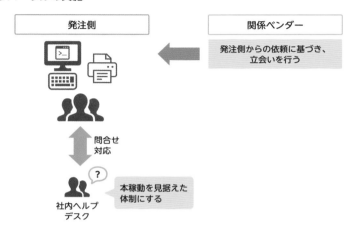

　リハーサルでは、関係システムのベンダーに立会いをお願いすることがあります。各サブシステムのベンダーは、全体リハーサルを総合テスト（システム稼動の最終的な確認）と位置づけていることも多くあります。

　残念なことに、全体リハーサルの1回目では、システムはまともに動かないことが大半です。ですが、システムがきちんと動けば、社内はちょっとしたお祭りのような雰囲気になることもあります。

● 手順3：評価

　実施後に、可能な範囲で想定された結果と実際のシステムから出力された伝票や帳票によって、システムが正常に動いていることを確認する必要があります。リハーサル実施中に出力された伝票や帳票は1カ所に集めて、プロジェクトメンバーで評価しましょう。

■ 全体リハーサルの評価

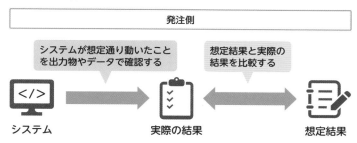

発注側

システムが想定通り動いたこと
を出力物やデータで確認する

想定結果と実際の
結果を比較する

システム　　　　　実際の結果　　　　　想定結果

　また、別に運用開始後のテスト環境や教育環境を準備するには、手間やコスト、期間がかかるため、リハーサルを実施した環境で、そのまま利活用することをおすすめします。

● システム上のトラブル

　全体リハーサルでは、はじめて実運用に沿った状態でシステムに負荷をかけることになります。想定していないトラブルが出ることがありますが、多くはデータベースのチューニングやサーバーの機能向上で対応が可能です。ただ、この時点で業務上ボトルネックになる機能が判明することがあります。そうなってしまうと修正に多くの時間がかかることがあり、稼動時期を延期する判断が必要になるので注意が必要です。

　また、全体リハーサルを通して一貫してデータチェックをすると、途中でデータが欠損することがあります。このような重大な障害やエラーとなった事象は、原因究明と対処が完了しない限り、本番稼動をしてはいけません。

まとめ

▶ **リハーサルは、一貫性の確認と負荷の確認のために必要**

▶ **事前準備が成否を分ける**

▶ **リハーサル環境をそのまま運用開始後の教育環境やテスト環境として活用する**

45 システムの本稼動

本稼動は、問合せ対応窓口の準備が一番大切です。システムを稼動初日にはじめてさわる担当者もいます。また、教育してもリハーサルしても、一切頭に残っていない人がいるということも認識しましょう。

● システムの本稼動

　事前の準備が完璧にできれば、システムの**本稼動**を静かに迎えることができます。

　このとき、**並行稼動**（新システムと旧システムを同時に運用すること）の期間を設けることができた場合は、稼動がソフトランディング（安定した状況へのおだやかな移行）になることがよくあります。

　ただし、並行稼動から本稼動に移る場合、期間が1カ月以上必要です。現場への負荷を考えると、中小企業で十分な期間を取るのは、なかなか難しいのが現状です。

　そのため、並行稼動ができない場合は、全体リハーサルや個々の運用確認を重点的に行うことでカバーすることをおすすめします。

● ベンダーの本稼動立会い

　ベンダーのサービスには、**本稼動立会い**というものがあります。これは、本稼動の際にベンダーが立会い、何かあったら対応してくれるサービスですが、システムの稼動を保証するわけではありません。

　業務確認やリハーサルなどを事前に実施しておけば、ベンダーの本稼動立会いは最低限必要な範囲で問題ありません。それよりも、次に説明する問合せ窓口の設置のほうが大切です。

● 本稼動に際する問合せ窓口の設置

　本稼動初日は、現場からの問合せが多くなります。問合せの内容は、システムへの不理解や操作方法の不勉強によるものが大半です。

　問合せに対応するためには、**問合せ窓口**を設けましょう。問合せ窓口の設置は、ベンダーに任せることはできるだけ避けたほうがよいです。ベンダーは、システム操作の説明はできても、運用に対する質問の回答が適切にできるとは限らないためです。

■ 問合せ窓口を設置して質問に回答する

　問合せ窓口を設置する際に、**Web会議**を活用することも多くなっています。本稼動後の3日間、問合せ窓口の担当者がWeb会議を常に開けて待機し、質問があれば、そこに発注側が参加して質問し、待機者が回答するといった形式です。

　プロジェクトチームとベンダーの合同で、Web会議上の問合せ窓口を開設した場合、ベンダーの移動コスト削減や対応内容の統一化、範囲の拡大、問合せ内容の一元化などの効果が見込まれます。

　問合せ内容とその回答は、全従業員が参照および共有できる場所に保存し、常にアップデートする体制を作りましょう。

● 締め処理のタイミングにも気をつける

　システムは、本稼動当日から数日間の監視も大切ですが、週次処理や月次処理などの**締め処理のタイミング**でも大きな問題が発生することがあるため、監視する必要があります。

　本来、事前の運用確認やリハーサルのときに確認するべき項目ですが、移行データを含めての締め処理確認が漏れていたりすると、高確率で問題が判明します。

● システム稼動の中止

　準備を重ねても、運悪く、システム本稼動初日に運用が回らないと判断されることがあります。本稼動の計画時には、旧システムに戻すことも視野に入れておきましょう。

　旧システムへと戻すタイミングは、システムの稼動時間で判断することをおすすめします。新システムが1日間稼動してしまうと、旧システムに戻すには想像以上の手間がかかります。システムの規模にもよりますが、旧システムに切り戻してデータを再入力してもらう時間の限界は、半日程度と想定すべきです。

　また、**新システムから旧システムへのデータ移行を伴う切り戻しは、絶対に避けるべきです。**データの不整合から来るさまざまな不具合を旧システムで対応しなければならなくなります。発生するコストを考えると、事前に十分な業務確認やリハーサルを行い、稼動を迎えるべきです。

まとめ

▶ **本稼動を静かに迎えるためには事前の周到な準備が必要**

▶ **問合せ窓口を設置する**

▶ **締め処理のタイミングにも注意が必要**

46 段階的なシステムの移行

現在、手作業で行っている作業をシステム化する場合、システムの段階的な稼動は正しい選択です。しかし、すでにシステムが稼動している業務での、段階的なシステムの移行は、中小企業にとっては費用がかかりすぎてしまいます。

● システムの移行

段階的なシステム移行には、事前の綿密な計画をしましょう。また、度重なる業務確認・リハーサル・データ移行・業務移行などプロジェクト自体が長期にわたったり、複雑になったりすることがあります。

例として、基幹システムとサブシステムの2つのシステムを、一括で移行するケースと段階的に移行するケースを考えてみます。

■ システム移行の例

一括で移行するケース

| 旧システム | 旧サブシステムA |
| | 旧サブシステムB |

一括 →

| 新システム | 旧サブシステムA |
| | 旧サブシステムB |

段階的に移行するケース

| 旧システム | 旧サブシステムA |
| | 旧サブシステムB |

一段階目 →

| 新システム（旧システム） | 旧サブシステムA |
| | 旧サブシステムB |

二段階目 ↓

| 新システム（旧システム） | 新サブシステムA |
| | 旧サブシステムB |

三段階目 →

| 新システム | 新サブシステムA |
| | 新サブシステムB |

一括で移行するケースは、1回の移行で済むため、シンプルです。しかし、段階的な移行の場合、基幹システムを新システムにしても、サブシステムが旧システムのままだと、基幹システム側がサブシステムとやりとりするために旧システム部分を残さなければならなくなってしまいます。このように、段階的に移行するケースでは複雑性が上がってしまいます。

　段階的にシステムを移行する場合は、事前に移行順位の設定や新旧システムのデータ連携、段階的に変わる運用などを綿密に計画する必要があります。

◉ 段階的な移行はできるだけ避ける

　段階的なシステム移行の場合、時間や体制、費用に余裕があれば、事前に用意周到な準備ができます。しかし、十分な資金力を持たない中小企業にとっては大きな負担になります。また、段階途中で想定外のことが起こり、事前に想定していたリソースだけでは不足することが多いです。

　また、段階的に稼動する長期間のプロジェクトでは、絶え間なく続く問合せ対応やトラブル対応のため、メンバーが疲弊することがあります。疲弊による退職を避けるためにも、プロジェクトの短期化は考慮する必要があります。

　スケジュール面、費用面、体制面から勘案すると、既存システムから新システムへの段階的な移行はできるだけ避けるべきです。

まとめ

▷ **段階的なシステム移行には、事前の綿密な計画が必要**

▷ **段階的なシステム移行は想定以上にリソースがかかる**

COLUMN 失敗事例：データ移行が失敗したケース

　システムをリプレースする場合、現行システムから新システムへのデータ移行が必要なケースがありますが、移行の準備が不十分で予定通り進まず、新システムの利用開始が延期されるといったケースがよくあります。以下にその一例を紹介します。

　製造業A社は基幹システムの導入を外部ベンダーに委託し、導入作業を進めていました。開発やテストは順調に終了し、本番稼動予定日の1カ月前からデータ移行の準備に取りかかりました。

　本番稼動日前日に、現行システムの利用を中止し、新システムへデータを移行しました。移行作業実施後は、実際の業務に対応できるか簡単な運用テストを行い、新システムの本番稼動を開始する想定でした。

　しかし、その運用テストにおいて、資材の所要量算出の不備により正確な調達計画が難しいという問題が露呈しました。また、実際の在庫量とシステム上の情報に齟齬が生じ、リアルタイムでの正確な生産情報が得られないことが判明し、最終的には稼動が延期せざるを得ない状況となりました。

　この問題の原因は、部品構成表や在庫分類コードのマッピング（現行システムのどのデータが新システムのどこに配置されるべきかについての定義）を事前に十分に実施していなかったことです。また、移行すべきデータの品質評価が不足しており、欠損データや不正確なデータが新システムに取り込まれ、正確な状況把握が難しくなるということもありました。そして、事前のデータ移行の試行と結果確認が未実施だったため、本番稼動直前で問題が浮かび上がることになりました。

　この事例から明らかなように、具体的なデータ要件の確認やデータ品質の向上は、本番稼動直前に行うのではなく、導入プロジェクトの初期段階で行うべき重要なステップです。そして、本番移行作業前のリハーサルを通じてシステムが実際の業務に対応できるかどうかを確認することは、問題の早期発見と修正につながります。

　また、移行作業はベンダーに委ねることが難しく、発注者が主体となって進める必要がある点に留意してください。ベンダーは現行システムを熟知しているとは限らないため、発注者側との共同作業になります。最近では、発注者側が現行システムのデータを新システムのデータ定義に合わせて変換し、ベンダーが変換されたデータを新システムへ取り込むといったケースが多いです。これらの作業は膨大な工数を要するので、事前に予定を確保しておくことが重要です。データ移行における慎重な計画と実行、そしてそれに積極的に関与することは、システム導入の成功に不可欠です。

6

受入と本稼動の準備

失敗事例：運用確認をしていなかったケース

A社は全社的にシステムの入替を計画し、開発・受入・リハーサルまで実施し、準備万端で本稼動を迎えました。本稼動当日、Z部門で業務の滞りが発生しましたが、幸い、緊急用リカバリー機能で代替作業ができたため、顧客には迷惑をかけずにすみました。しかし、正規のシステム操作をしなかったため、システム間のデータの整合性が損なわれてしまいました。正しい状態にデータを戻すために、データリカバリー作業がシステム部門で必要になりました。稼動翌日は、初日の反省から業務を変更し、正規のシステム操作で業務を実施しました。

Z部門で主に利用しているサブシステムは、新システムからデータを受領し、処理したデータを新システムへ戻す仕組みでした。サブシステム自体は軽微な変更だけだったため、新システムとの接続テスト実施のみを行い、業務確認をしていませんでした。また、リハーサル時も実際に業務を回しておらず、システム操作だけに終始していました。

ただ、サブシステム自体の変更は軽微でしたが、Z部門内での工程で業務上大きな変更につながるシステム改修でした。翌日にすぐにリカバリーできたことから、運用確認やリハーサルのときにサブシステムを動作させ、Z部門の業務を実施していれば発見できる内容でした。

今回は、たまたま軽微な事故ですみましたが、場合によってはシステム運用を止めないといけないような重大なトラブルに発展する可能性もありました。

単体でシステムを入れ替えるプロジェクトでも、連携するシステムがないことは少なくなっています。データをやりとりする側の既存システムにおける運用確認も大切です。

7章

システムを成長させる運用・保守

システム外注の最後の工程は「運用・保守」です。システムを導入した後も、業務にシステムを活用するためには、この工程が重要です。どのように運用や保守をすればよいか、この章で学んでいきましょう。

47 システム開発は導入後が本番

システムを利活用し、経営に寄与させるためには、導入後の活動が大切です。実際に稼動したシステムの状況を見て、運用改善（業務ルールの変更や業務プロセスの見直し）や業務改善につながるサブシステムやツールの検討が必要です。

● システムの評価

　多くの場合、プロジェクトを進めていくと、システムの稼動そのものが目的になってしまいます。しかし、システム導入の本来の目的を忘れてはいけません。システム稼動後は、必ず「**システムの目的が達成されたか**」についての評価を行いましょう。システムの目的は、企画の工程で決定したものです（P.051参照）。ただ、評価はそれだけでは不十分です。次のような視点で、新システムを評価してみましょう。

■ システムを評価する視点（例）

視点	具体的な項目
効率性	・旧システム稼動時より手間が減ったか？　増えていないか？ ・手間が増加した場合、元々想定していた範囲に収まっているか？ ・サーバー資源（CPUやメモリ、ハードディスク利用量など）の活用度が過度に高かったり低かったりしていないか？ ・想定していなかった新たな業務フローが発生していないか？
正確性	・旧システムではなかった誤りデータが発生するリスクはないか？ ・旧システムでの集計と新システムでの集計が通常は合致するが、ズレたりしていないか？（ズレている場合の根拠が明確になっており、その内容が周知・承認されているか？）
統制	・新業務のフロー上、想定していなかった、不正のリスクが新たに発生していないか？ ・不正ログインや不正データの作成ができる状態になっていないか？ ・内部統制上のフローを確認し、新システムの運用においても問題なく統制された運用ができているか？

● 本格的な業務改善／システム改善を開始する

システム稼動後の評価をしたら、その評価を基に**次の改善施策を練りましょう**。

もともと描いていたTo Beモデル（P.068参照）やTo Be業務フロー（P.097参照）で想定していた業務改善の施策では、システムとは関係ない範囲の改善もあります。こうした改善もシステム稼動と同時に開始したいところですが、実際にはシステムが稼動しないと、現場の実感がなかなか湧きません。そのため、システム稼動前には、業務改善の詳細な運用について十分な検討ができていないことがよくあります。

しかし、**新システムを稼動させたことによって、現場の従業員から実効性のある業務改善のアイデアが出てきやすくなります**。そうした改善のアイデア1つ1つに対して、真摯に取り組んでいきましょう。

● システム周辺の業務改善を行う

改善策は、導入したシステムの追加開発が中心になることが多いですが、システム周辺での業務改善が必要になることもあります。

代表的なものに、**Excelマクロ**や**RPAを使った改善**があります。また、RPAやBIツールを使ってシステム間のデータ連携やデータ集計の改善を行ったり、相性のよいサブシステムを導入したりすることもあります。

ただし、どんなツールやシステムを利用するにしても、慎重な検討が必要です。特に、新たなツールを導入する場合には、複数の追加要求への対応も可能な反面、想像以上の出費になることが多いため、注意しましょう。

● 追加開発の優先順位づけ

改善のために追加開発が必要なときは、開発する機能の**優先順位**を決めます。ただし、システムはすでに稼動して運用がはじまっているので、追加開発機能の優先順位づけには慎重な判断が必要です。要求の声の大きさに左右されないようにしましょう。

次の項目で機能ごとに評価し、優先順位を決定します。

■ 優先順位を決める際の評価項目

評価項目	具体的な評価例
費用	削減する手間に比べて、適切な投資か？
納期	追加開発分のリリース時期は適切か？
効果	正確性が向上するか？

　稼動したシステムに十分な機能がなく、何とか稼動ができるといった状態であるときは、多くの追加開発の要求が出てきて、収拾がつかなくなることもあります。そのようなときこそ、要求の実現による期待効果を数値化して、優先順位をつけましょう。

● 改善サイクルを決める

　新システムを導入してから時間が経過して慣れてくると、現場の入力担当者は、新システムを軸に業務改善をはじめます。スムーズに業務改善ができるようにするため、システム導入後の追加開発のサイクルを決めておく必要があります。
　システムの改善サイクルは、次のような流れで実施します。

■ システムの改善サイクル

　このうち、要望収集〜発注までの流れを、3、4カ月から半年に一度のサイクルで実施しましょう。稼動直後は、要望が多くなるため、1カ月単位や短ければ1週間単位で実施することもあります。ですが、短時間で一連の作業を行うことは、事務処理の手間が増えるため、おすすめできません。

● 発注する前に要望は背景も含めてベンダーに相談する

パッケージを新規導入した場合、よい機能が隠れてしまってうまく活用できていないことは、よくあります。そうした機能は、ベンダーは最初に説明している機能だったりするのですが、そのときは理解できなかったということが多いようです。

そのため、要望について背景も含めベンダーに相談すると、パッケージに備わっている設定で対応できたり、安価な外づけツールで対応できたりすることがあります。ただし、パッケージをカスタマイズしている場合は、その効果は半減することが多くなります。

● 利用者からのフィードバックを積極的に収集する

システムが稼動したら、システムを実際に使っている利用者（ユーザー）を対象に、定期的なユーザーセッションやユーザー満足度調査を実施しましょう。フィードバックをもらえる機会を増やし、システムに反映させて、成長するシステムを実現しましょう。

まとめ

- ▸ 稼動後にシステムの評価を実施する
- ▸ 新システムをベースとした改善サイクルを決める
- ▸ 要望はまずベンダーに相談する

48 ドキュメントのメンテナンス

システム開発プロセスの各工程終了後やシステム稼動後には、ベンダーからさまざまなドキュメントが提出されます。保管も重要ですが、稼動後に改善や改良した内容は、都度都度ドキュメントに反映することが大切です。

● ドキュメント一覧を作成する

　システム稼動後は、ベンダーから納品されたドキュメントをとりまとめる時間を作り、一覧表を作成しましょう。その中で、ベンダーが更新すべきものと発注側（ユーザー）で更新すべきものを区分けしていきます。ドキュメントを整理する際は、ウォーターフォール開発時の工程（P.162参照）を参考に、区分けをすると理解しやすいです。次のように、開発工程で作成されたもの（開発請負契約での成果物）と、要件定義工程や稼動準備工程で作成されたもの（準委任工程での成果物）とで、大まかに分類するとわかりやすくなります。

■ ドキュメント一覧例

工程	契約	ドキュメント	更新担当	更新タイミング
要件定義	準委任	要件定義書	発注側	プログラム変更時
		業務フロー	発注側	必要時
稼動準備		受入テスト仕様書	発注側	必要時
		業務手順書	発注側	必要時
開発	請負	設計書	ベンダー	プログラム変更時
		テスト仕様書	ベンダー	プログラム変更時
		テーブル定義書	ベンダー	プログラム変更時
		操作説明書	ベンダー	プログラム変更時

● ドキュメントを整理する期間を設ける

　システムの稼動後には、**ドキュメントを整理する期間**をしっかりとりましょう。プロジェクト期間中、各メンバーは無意識にドキュメント間の大きな行間を読みとってプロジェクトを進めています。ここでいう「行間」とは、設計書に記載はないが、要件定義書には記載がある事項など、明記されていなかったりドキュメント間で記述に差異があったりすることです。

　しかし、次のプロジェクトでも同じメンバーが集まるとは限りません。本来は、ドキュメント間に大きな行間があってはいけませんが、自社としてノウハウを蓄積するためにも、ある一定期間をとって（多くの場合は1週間程度）、一覧化や整合性の確認、更新担当者の割り当てなどの整理をしましょう。

● ドキュメントを公開して定期的に更新する

　ドキュメントを一覧化していても、更新がおろそかになってしまうのが現実です。更新していないことを他の人が指摘するなど、更新の必要性に気がつけるようにするため、ドキュメントは誰でも参照できるような場所に保存しておくことが重要です。特に、ドキュメントに修正や追記が多いことが想定されるのであれば、**更新担当や更新タイミングを事前に決めておきましょう**。

● システム改修時にドキュメントを更新する

　ベンダーがシステムを改修したら、システムだけではなく、**更新されたドキュメント類の納品**も忘れずに依頼しましょう。

　しっかりしているベンダーであれば、発注側が言わなくてもドキュメントは納品されます。改修発注時や保守対応の際のドキュメント納品は、保守契約に当然含まれると考えている発注側の企業も多いですが、明確に事前に伝えておかないと資料を更新してくれないベンダーもいます。そのため、保守契約時に、保守作業にドキュメントのメンテナンスが含まれていることを確認しましょう。

● 可能なら要件定義書や業務フローも更新する

　多くの場合、ドキュメントの更新は、基本設計書よりも後のドキュメントを対象にしています。ただ、基本設計書には実装されている機能に関する背景の記載が十分ではありません。可能であれば、**要件定義書や業務フローの更新をしておくこと**をおすすめします。

　また、要件定義書や業務フローの更新は、ベンダーの作業ではなく、発注側の作業であると認識して、保守契約を結んでいるベンダーがほとんどです。発注側で更新できるものであれば更新しましょう。

　要件定義書や業務フローはほとんど更新されないのが現実です。ですが、更新されていれば、次のシステムの基礎的な資料として利用でき、比較的スムーズに新たなシステムへの変更が行えます。

■ ドキュメントの更新

メンテナンスされている
ドキュメント

メンテナンスされていない
ドキュメント

日々の業務に活用できる	業務に活用できない
必要があれば参照する	誤解を招くため参照しない
次回システム更新の際に基礎資料として活用できる	ドキュメントがあてにならないため、活用する際は調査が必要

まとめ

- ▶ 更新が必要なドキュメントの一覧を作成する
- ▶ プロジェクト完了後、ドキュメント整理期間を設定する
- ▶ 可能であれば、要件定義書や業務フローも更新する

49 システム本稼動後の社内体制

システム稼動後は、システムの基盤部分と業務利用部分に分けて管理します。中小企業では役割分担が曖昧なことが多いので、プロジェクト最終報告会などを実施して、体制を明確にすることも大切です。

● システムごとにオーナーを明確にする

システム本稼動後、一般的にサーバーやネットワーク、PCなどのシステム基盤系はシステム運用部門へ、業務に利用する機能を実装しているアプリケーション系は**主管部門（システムオーナー部門）**に引き継がれます。例えば、次のような考え方でシステムの持ち主（システムオーナー）を明確にしましょう。

■ システムオーナーの定義の例

システム名	システムオーナー部門
受注システム	営業部門や受注センター
調達システム	原材料を発注する部門
生産管理システム	生産部門
会計システム	経理部門
人事管理／勤怠管理システム	人事部門
POSシステム	店舗管轄部門
グループウェアやメールなど全社で一貫して利用するシステム	総務部門

なお、ERPパッケージ（受注／発注、購買、在庫管理、会計、生産管理などの機能が包含されているパッケージ）では、機能（モジュール）ごとにビジネス部門を主管に割り当てましょう。

● システム担当には主管は担当できない

運用上、システム部門やシステム担当者のサポートは必要です。しかし、システム部門やシステム担当者が業務を隅から隅まで把握することは難しく、業務に沿った細かい要望や要求を発案することは困難です。そのため、要望や要求は、主管部門から上げないといけません。

システム部門やシステム担当者は、**要望、要求のとりまとめや、ベンダーとの交渉支援**を担います。

● プロジェクトの体制を維持する

システム導入後、プロジェクト自体を解散させてしまうことは多いですが、もし自社内にシステム戦略委員会やシステム企画委員会、情報システム委員会などがない場合には、そのまま、**委員会などに移行すること**をおすすめします。

多くの中小企業では、全社的にシステムを検討する場がなく、各部門がバラバラに導入の稟議を上げて、統制が効いていないシステムがバラバラに構築されてしまい、コントロールが効かなくなることがあります。

特に、全社を巻き込んだシステム導入だったのであれば、そのまま会議体の名称を変更し、全社的にシステムを検討する場として、定期的な開催を継続しましょう。

まとめ

▸ **システムの利用者をシステムオーナーに割り当てる**
▸ **システム担当者ではシステムの主管は担当できない**
▸ **定期的にシステムを検討する体制を維持する**

50 運用開始後の課題解決方法

運用開始後には、事前に予測できない多くの課題が発生します。想定や配慮が不十分と言えばそれまでですが、必ず何かが発生します。そのときに大事なことは、インシデントや問題の管理です。

● インシデントや問題の管理

　インシデント管理または**問題管理**とは、システムで不具合が発生した際に、正常な状態に復旧させるプロセスのことです。「インシデント」と「問題」は、厳密には異なるものですが、ここでは同じものとして説明します。通常、インシデントや問題の管理は、次のようなプロセスに沿って行われます。

■ インシデントや問題の管理におけるプロセス

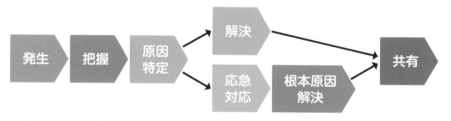

　インシデントおよび問題が発生したら、まずは状況を把握します。その後、原因を特定して解決し、最後に共有を行います。

　ただし、インシデントや問題によっては、すぐに原因特定できなかったり、原因の解決に手間や時間がかかったりすることがあります。その場合は、まず応急対応を行い、その後で根本原因の解決に取り組みます。

● インシデントおよび問題を記録する

　中小企業では、ルールが不明確だったり、各業務部門とシステム部門の役割分担が不明瞭だったりすることで、インシデントや問題発生時の記録がおざな

りになりがちです。結果的に、適切に報告や共有ができず、同じ報告や対応作業を幾度となく繰り返し、無駄な作業が発生するケースはよくあります。

インシデントや問題の発生時には、Excelやその他のツールなど、どのような手段でもよいので、**プロセスを必ず記録する**ようにしましょう。

● 原因特定や解決には現場の協力が必要

問題の把握や原因特定、解決には、システムを操作する従業員の協力が不可欠です。現場の従業員の発言が、原因究明につながることもあります。

原因が特定できないときは、いろいろな人の声を聞いて原因を探りましょう。多くの場合は、「**現場にヒアリングして事象を把握**」→「**可能性のあるログを分析**」→「**再現性の確認**（インシデントや問題が再現できることの確認）」を何回か繰り返せば、原因にたどり着くことが多いです。

■ インシデントや問題の原因特定のために行うこと

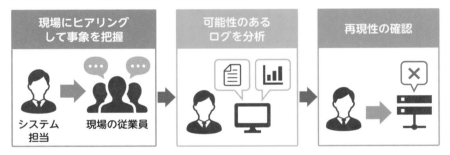

また、自社で問題解決が難しい場合は、外部の専門家やベンダーと連携しましょう。彼らの経験と知識を活用することで、難解な課題にも迅速に対応できることがあります。

● 結果の報告と共有を怠らない

原因が判明し、解決すると、システム担当者は安心してしまい、関係者へ報告や共有をしなくなります。ですが、結果を報告、共有しないと、同じような問題とその対応を繰り返すことになってしまいます。**報告や共有の欠如は、自**

分で自分の首を絞めているのと同じです。

　また、システム担当者がインシデントや問題をすべて自分で抱えてしまうことで、報告や共有をしなくなるケースもあります。経営者からすると、経営に関わる重要な相談や報告が、いきなり上がってくるという事態にもなりかねません。そのため、日々の報告、共有の仕組みをしっかり作りましょう。

● インシデントや問題を報告する場を作る

　インシデントや問題について、**経営陣や各事業責任者に月次で報告する場**を作ることをおすすめします。

　システム担当者が報告すると、どうしても細かすぎたり、抽象化が過ぎたりして、本質が伝わらないことが多いようです。報告を受けても理解できないと、意味がないと判断され、報告する場をなくしてしまう企業も多いです。必ずしも全員に理解してもらう必要はありませんが、理解してもらうターゲットを明確にすることを意識して、報告しましょう。

　インシデントや問題の解決には追加の費用もかかることも多く、経営陣に理解、承認してもらう必要があるため、日々の報告で、経営陣とシステム担当者の信頼関係を構築しておくことも大切です。

まとめ

- ▶ インシデントや問題は発生時に記録する
- ▶ 現場を巻き込んで解決する
- ▶ 結果を報告、共有する場を作る
- ▶ 日々の報告で、経営陣とシステム担当者の信頼関係を構築しておく

7

システムを成長させる運用・保守

51 保守は毎年見直す

システムが安定稼動すると、日々の問合せが減少し、ベンダーの保守作業の負担は、稼動翌年ごろから徐々に減っていきます。保守で委託する内容や価格は、毎年見直すようにしましょう。

● 保守の見直し

保守契約の交渉や見直しは、価格を下げることが目的ではありません。**発注側が適正な価格で保守を受けること**が目的です。保守契約更新の際には、発注側とベンダーとの間で強固な信頼関係を築くために、ベンダーとコミュニケーションをとりましょう。

■ 保守で毎年見直すべき内容

項目	見直内容
金額	適切な金額で支払うため、金額算定根拠を明示してもらう
報告内容	月次報告の内容やシステム稼動状況など、想定している報告内容を提示してもらう
報告タイミング	稼動後1〜2年は対面での月次報告が必要なことが多いが、それ以降は頻度を落としたり、紙面のみでの報告にしたりすることが多い。報告タイミングも都度見直す
SLA	過度な要求になっていないか、また、時代に合っているかについて、定期的に見直す

※ SLA（Service Level Agreement）：サービス品質保証

なお、ベンダーから保守料金の削減に関して積極的に提案されることは、ほぼありません。また、料金削減につながるような技術やツールが登場したとしても、ベンダーから提案されないことが多いでしょう。

ベンダーから、システムのライセンス費用の改定（値上げ）を要求されたら、そのタイミングで作業内容や報告内容、SLAを見直しましょう。

また、「**ベンダーが外部委託先として適切であるか**」の評価も必要です。通常は、外部委託管理規程やシステム管理規程に沿って、定期的にベンダーそのものも評価することが求められます。保守契約更新時に、この評価もあわせて実施することをおすすめします。もし、各種規程がない場合は、IPA（独立行政法人情報処理推進機構）で公開している、中小企業向けの管理規程のサンプル（https://www.ipa.go.jp/security/guide/sme/about.html）などを参考にして、作成するとよいでしょう。

● 過度な値引き交渉はNG

保守料金が高すぎるからといって、過度な値引き交渉を行うことは、おすすめできません。そもそも、ベンダー選定の際に、保守料金や保守内容も含めて評価し、パートナーとして決定したベンダーです。自社がその保守料金や保守内容でよいと決定したことを否定したことになるので、ちゃぶ台返しをしているようなものです。

過度な値引き交渉は、ベンダーからの信頼や協力を失います。結果、最新のシステムや適切なバージョンアップの情報、問題の解決策などを提示してもらえなくなる可能性もあるため、注意しましょう。

● 値引き交渉するなら根拠を準備する

もし、保守料金の値引き交渉をするなら、その根拠を用意しましょう。例えば、システムを利用する従業員からの問合せ数や問合せ内容などを記録しておき、数や難易度が下がっていることが明示できれば、保守料金を下げるよい根拠になります。また、月次報告を対面から紙面のみに変更することで値引き交渉したり、長期契約を前提に交渉したりすることも1つの手です。

また、**保守の価格は上がることもあります**。人件費高騰や為替変動の影響で、システムに組み込まれているサービスなどの価格が上がることはよくあるので、意識しておきましょう。

● ベンダーの技術者が常駐する保守は注意が必要

中小企業に導入するシステムにおいては、**ベンダーの技術者が常に自社内にいて対応を行う常駐保守**はおすすめしません。コストが高いだけではなく、見えない作業が増加してしまい、ベンダーを変更できない状態（ベンダーロックイン）になってしまいます。

ベンダーの技術者が常駐していると、各部門からベンダーの技術者へと直接問合せが行われます。その場合、課題は解決されるのですが、一方で自社にノウハウがたまらず、技術的にも心理的にもベンダーに依存するようになります。そのため、ベンダーが容易に変更できない状態から抜け出せなくなってしまいます。

もし、ベンダーの技術者が常駐する形での保守を提案された場合は、ソフトウェアの機能強化や運用改善によって、**常駐して保守しなくてもよい状態を作ってもらいましょう。**

まとめ

▶ **保守は毎年見直し、ベンダーとのコミュニケーションを取る**

▶ **過度な値引き交渉はせずに、根拠ある値引きを提案する**

▶ **ベンダーの技術者が常駐する保守はできるだけやめる**

52 セキュリティ対応

セキュリティの対応に終わりはありません。一口にセキュリティといっても、対応しなければならない項目の幅は広く、また、業務ソフトウェアにおけるセキュリティ対策の要求も時代によって変化します。

● セキュリティ対策

セキュリティは、時代に合わせた対策が必要です。そのためには、セキュリティ機能のバージョンアップや運用の変更が不可欠です。進化する脅威に対抗するため、次のような視点でセキュリティ強化を継続しましょう。

■ セキュリティ対策の強化の視点

分類	強化の視点
認証系	・採用している認証方式が時代にあっているか？ ・容易に不正アクセスができる認証方式になっていないか？
通信系	・新たな盗聴技術への対策が必要か？
データ系	・バックアップが適切な場所に保管されているか？ ・操作ログやデータ更新ログなどの採取範囲や保管場所は適切か？
環境系	・OS、ミドルウェア、開発ファームウェア、開発言語などについて、致命的な脆弱性が報告されており、バージョンアップ対応が必要ではないか？

● ゼロトラストネットワーク

システムを開発する際、**ゼロトラストネットワーク**という考え方が必要になってきています。ゼロトラストネットワークとは、「すべてのアクセスや通信を信頼しない」という考え方から生まれたセキュリティモデルです。

例えば、システムにアクセスするための認証を考えてみましょう。ゼロトラストネットワークでは、指紋認証や静脈認証を使ったり、アプリ、メール、

SMSなどを利用してセキュリティコードを発行したりすることで、従来のようなパスワードのみの認証よりもセキュリティを高めています。

　ゼロトラストネットワークを意識したシステムの構築は当たり前になりつつあり、必須の考え方となっています。

● 業務処理上の不正防止機能を忘れずに用意する

　一般的なセキュリティというと技術的な内容が多いですが、業務統制処理上の不正防止機能も大切です。主に権限管理などでコントロールしますが、**内部不正ができる状況をシステム上で実現できないようにすること**が必要です。特に、業務改善を目的としたシステムの機能強化において、その部分の権限コントロールを考慮せずに実装してしまい、不正防止機能が効かなくなってしまったという事例はよくあります。

● セキュリティ対策の予算は十分に準備する

　セキュリティ対策にかける予算は、どの中小企業でも頭を悩ます点です。現時点で画一的なソリューションはありません。情報漏えいやランサムウェアの被害が起きてから対策しても手遅れです。しかし、100％のセキュリティ対策はどんなに費用をかけても実現できません。割り切って、定期的に対策を見直して、予算を準備し、時代にあったセキュリティ対策を実施しましょう。

まとめ

▶ **システム開発で対策できるセキュリティ対策は限られる**

▶ **時代にあったセキュリティ対策が大事**

▶ **これからはゼロトラストネットワークがキーワード**

▶ **業務処理上の不正防止機能も忘れないようにする**

システムが安定して稼動するようになったら、多くのプロジェクトは解散します。A社でも、複数の部門にまたがったシステムの開発が無事終了し、安定稼動時期に入ったため、プロジェクトは解散しました。

　A社の開発プロジェクトでは、部門の役割分担とシステムの機能が合致しており、各機能のチームを部門ごとに編成していました。安定稼動後、各部門からベンダーへと追加要望が上がり、A社内でも部門単位での案件とみなされて、それぞれバラバラにベンダーへ発注が行われていました。保守定例の報告の際に、ベンダーからも特に追加開発の報告もありませんでした。

　数年経って、経営陣より「ベンダーへの支払が多く、システム費用がかかりすぎている」とシステム部門へ指摘がありました。システム担当者は、その時点でようやく追加開発が行われていることを把握しました。追加開発の多くは、帳票の追加／修正や統計表の追加／修正でしたが、同じような内容が各部門からベンダーへと要望が送られ、ソフトウェア保守の対象外として追加開発されていました。ですが、その追加開発は、システム部門では当初から想定しており、将来の対応のために、ツールまで購入し準備していました。

　各部門とベンダーの担当者の間に、開発プロジェクトを通して深いつながりができ、信頼関係が構築された結果、それぞれが自発的にベンダーへと要望を伝えていたのです。確かに、A社システム部門の担当者が忙しく、各部門からの声を聞く余裕がなかったことは事実だったようです。システム部門や担当者は、「準備していたツールを使えば費用が抑えられたのに」と残念に思うしかありませんでした。

　このケースは、プロジェクト完了後の追加開発のコントロールに失敗した例です。このようなことを避けるために、自社内でのコミュニケーションの機会を作ることが重要です。また、このような追加開発がされている場合、自社システム担当者が把握していない状態になるため、システム障害の際に対応できなくなる可能性があるので注意が必要です。

7

システムを成長させる運用・保守

おわりに

　本書は、中小企業がシステム開発を外注する際に知っておくべき、基本的なプロセス・ポイントを紹介いたしました。

　1章の「01 中小企業におけるシステム環境の現状」でも述べている通り、中小企業においても、ビジネスにおけるIT・システムを活用する範囲は、確実に広くなっていきます。しかしながら、システム開発の外注は、必ずしも成功していないのが実態です。

　システム開発プロジェクトが成功しないケースが多いのは、なかなか教科書通りには進まないからと言えます。実際のシステム開発は、本書で解説した通りには進まないことが多く、その時々の状況に合わせながら検討、判断をすることが求められます。そのため、社内において常日頃から経営層との意思疎通を継続しておくことで、イレギュラーケースが発生した際の対応がしやすくなるでしょう。

　一方で、トラブルが発生すると、外注先であるベンダーに無理難題を押しつけたくなることもあるでしょう。そのような気持ちは一度ぐっとこらえて、ベンダーと貴社の両者で協力して最適な解決策を検討することが重要です。システム開発においてはベンダーは大切なパートナーであることを、くれぐれも忘れないようにしてください。

　もちろん、本書で解説したことを十分にご理解いただき、活用していただくことで、システムの外注はぐっと成功に近づきます。本書が読者の皆さまのシステム開発プロジェクトの成功につながり、さらには強い中小企業になることへ貢献ができましたら、心より嬉しく思います。

2024年4月　青山システムコンサルティング株式会社

索引　Index

| 著者プロフィール |

青山システムコンサルティング株式会社

設立してからこれまで約30年の間、主に中堅企業（500社以上）に対して、IT・システムのコンサルティングサービスを提供している。公正中立（資本的独立／システム開発そのものをしない／代理店ビジネスをしない）のポリシーを守り続けていることが、大きな特徴である。

野口 浩之（のぐち ひろゆき）

青山システムコンサルティング（株）代表取締役。
慶應義塾大学卒業後、中堅システム開発会社を経て、2005年に入社。多くの中堅中小企業のIT・システムコンサルティングに従事。共著書に『業務効率ＵＰ＋収益力ＵＰ　中小企業のシステム改革』（幻冬舎）、『勝ち残る中堅・中小企業になるDXの教科書』（日本実業出版社）がある。

嶋田 秀光（しまだ ひでみつ）

青山システムコンサルティング（株）シニアマネジャー。
上智大学卒業後、老舗システム開発会社を経て2007年より現職。医療/介護業界を軸に、製薬業・小売業・製造業・サービス業・公的機関・卸売業などの多種多様な業界で、システム開発や運用に関わるコンサルティングサービスを提供。

池田 洋之（いけだ ひろゆき）

青山システムコンサルティング（株）マネジャー。
立命館大学卒業後、ITベンダーを経て2008年より現職。幅広い業界経験を持ち、IT中期計画・システム化計画、業務改革、プロジェクトマネジメント、システム監査に精通している。ITストラテジスト、情報処理安全確保支援士。

■ お問い合わせについて
・ ご質問は本書に記載されている内容に関するものに限定させていただきます。本書の内容と関係のないご質問には一切お答えできませんので、あらかじめご了承ください。
・ 電話でのご質問は一切受け付けておりませんので、FAXまたは書面にて下記までお送りください。また、ご質問の際には書名と該当ページ、返信先を明記してくださいますようお願いいたします。
・ お送り頂いたご質問には、できる限り迅速にお答えできるよう努力いたしておりますが、お答えするまでに時間がかかる場合がございます。また、回答の期日をご指定いただいた場合でも、ご希望にお応えできるとは限りませんので、あらかじめご了承ください。
・ ご質問の際に記載された個人情報は、ご質問への回答以外の目的には使用しません。また、回答後は速やかに破棄いたします。

■ 装丁　　　　　　　　井上新八
■ 本文デザイン　　　　BUCH⁺
■ DTP　　　　　　　　リブロワークス・デザイン室
■ 本文イラスト　　　　リブロワークス・デザイン室
■ 担当　　　　　　　　青木宏治
■ 編集　　　　　　　　リブロワークス

図解即戦力
システム外注の知識と実践が
これ1冊でしっかりわかる教科書

2024年6月11日　初版　第1刷発行

著　者　　青山システムコンサルティング株式会社
発行者　　片岡　巌
発行所　　株式会社技術評論社
　　　　　東京都新宿区市谷左内町21-13
　　　　　電話　　　03-3513-6150　販売促進部
　　　　　　　　　　03-3513-6160　書籍編集部
印刷／製本　株式会社加藤文明社

ISBN978-4-297-14196-7 C3055　　　　　　　　Printed in Japan

■ 問い合わせ先
〒 162-0846
東京都新宿区市谷左内町 21-13
株式会社技術評論社 書籍編集部
「図解即戦力　システム外注の知識と実践が
これ1冊でしっかりわかる教科書」係

FAX：03-3513-6167

技術評論社ホームページ
https://book.gihyo.jp/116